Fe-Mn-Si形状记忆合金约束态的应力诱发马氏体相变

刘林林 著

科学出版社

北京

内 容 简 介

Fe-Mn-Si 形状记忆合金作为一种集感知、驱动性能于一体的新型功能材料，具有重要的研究意义和广阔的应用前景。目前，国内外关于 Fe-Mn-Si 形状记忆合金相变的研究大多集中在非约束状态下，而对更贴合实际使用状态的约束下应力诱发 $\gamma \rightarrow \varepsilon$ 马氏体相变及其逆相变的研究却很少。因此，本书介绍了约束状态下 Fe-Mn-Si 形状记忆合金形状记忆效应的基本原理及与此密切相关的应力诱发 $\gamma \rightarrow \varepsilon$ 马氏体相变及其逆相变，分章阐述了 Fe-Mn-Si 形状记忆合金在恒应变约束状态下的应力诱发 $\gamma \rightarrow \varepsilon$ 马氏体相变、Fe-Mn-Si 形状记忆合金在水泥基体约束状态下应力诱发 ε 马氏体的逆相变及 Fe-Mn-Si 形状记忆合金在螺纹连接约束状态下的马氏体逆相变特征，讨论了 Fe-Mn-Si 形状记忆合金约束状态下的应力诱发 $\gamma \rightarrow \varepsilon$ 马氏体相变及其逆相变在工业和智能结构中的应用。

本书可供从事形状记忆材料研究和技术开发及对此有兴趣的科技人员阅读借鉴，也可供高等院校相关专业师生参考。

图书在版编目(CIP)数据

Fe-Mn-Si 形状记忆合金约束态的应力诱发马氏体相变/刘林林著. —北京：科学出版社，2018.6

ISBN 978-7-03-057264-6

Ⅰ. ①F… Ⅱ. ①刘… Ⅲ. ①形状记忆合金–马氏体相变–研究 Ⅳ. ①TG111.5

中国版本图书馆 CIP 数据核字（2018）第 084374 号

责任编辑：张 震 杨慎欣 / 责任校对：彭 涛

责任印制：吴兆东 / 封面设计：无极书装

科学出版社出版

北京东黄城根北街 16 号

邮政编码：100717

http://www.sciencep.com

北京凌奇印刷有限责任公司印刷

科学出版社发行 各地新华书店经销

*

2018 年 6 月第 一 版 开本：720×1000 1/16

2019 年 6 月第二次印刷 印张：9 1/2

字数：192 000

定价：98.00 元

（如有印装质量问题，我社负责调换）

前　　言

形状记忆材料是一种奇妙的功能材料，经过50多年的研究和发展，已在工业、仪表和医疗领域内充当有关器件的特效材料。中国学者早在20世纪80年代初就开始研究Ni-Ti和Cu-Zn-Al合金，以后又探研ZrO_2陶瓷、Fe-Mn-Si和Ni-Al等合金的马氏体相变及与其紧密相关的形状记忆效应，相应地探索了形状记忆合金的制备、加工和应用，还开发了新型形状记忆材料。国内对形状记忆材料的研究和开发已取得不少有价值的成果，有些形状记忆材料的产品或半成品已行销海内外。

Fe-Mn-Si形状记忆合金作为一种新型功能材料，具有良好的潜在应用前景。然而，相对于非约束态的理论研究，Fe-Mn-Si形状记忆合金约束态的理论及应用基础研究尚较为缺乏且不系统，因此，本书以约束态理论及应用基础研究为主，并且针对Fe-Mn-Si形状记忆合金约束态的应用特点，研究其应用中的主要性能指标。

本书共5章。第1章主要阐述形状记忆合金形状记忆效应的基本原理及其马氏体相变原理。第2章主要介绍约束状态下Fe-Mn-Si形状记忆合金应力诱发$\gamma \rightarrow \varepsilon$马氏体相变及其逆相变研究的材料制备及试验方法。第3章主要介绍通过控制变形过程中的停载时间，构建Fe-Mn-Si形状记忆合金在恒应变约束状态下的应力诱发$\gamma \rightarrow \varepsilon$马氏体相变，通过研究合金在不同约束条件下显微组织中的ε马氏体数量、形态以及对形状记忆效应的影响，发现在变形达到预变形量后再恒应变约束一定时间，可使Fe-Mn-Si形状记忆合金应力诱发$\gamma \rightarrow \varepsilon$马氏体相变进行得更为充分，其形状记忆效应显著提高。第4章主要介绍将预变形后的Fe-Mn-Si形状记忆合金埋入水泥基体加热恢复，构造约束状态下应力诱发ε马氏体的逆相变条件并研究其逆相变特征，发现水泥基体约束下的Fe-Mn-Si形状记忆合金ε马氏体逆相变温度A_f更高，表明其相变驱动力增大。第5章主要介绍将Fe-Mn-Si形状记忆合金制成螺栓，研究合金在螺纹连接约束状态下的马氏体逆相变特征。发现螺栓的径向、轴向和牙型的ε马氏体相变变形及恢复，是 Fe-Mn-Si 形状记忆合金螺栓防松的根本原因。

本书是作者多年来在 Fe-Mn-Si 形状记忆合金约束态应力诱发马氏体相变及其逆相变方面研究工作的总结。本书的完成要感谢作者的博士生导师大连海事大学林成新教授的悉心指导和大力支持。

作者在编写本书的过程中得到了大连交通大学何卫东教授、阎长罡教授、董华军副教授、雷蕾副教授、施晓春副教授的热情支持和帮助，在此表示衷心的感谢。本书能够出版得益于大连交通大学机械工程学院的大力支持和学院学科建设经费的资助，在此向大连交通大学机械工程学院领导表示衷心的感谢。

作者的水平有限，书中难免存在不妥之处，恳请读者提出宝贵意见与建议。

刘林林

2018 年 3 月

目　录

第 1 章 绪　　论

1.1 引　　言

载运工具包括车辆、船舶、铁路、飞机等，对中国国民经济的发展有着重大而深刻的影响。随着国际竞争的日益激烈，作为经济发展“血脉”的交通运输业也同样面临不断革新的问题，这既是机遇又是挑战。随着“中国制造要走向中国创造”这一观念的提出，我们必须开发各种新材料、新技术以满足载运工具性能不断提高的需求。

材料可分为结构材料和功能材料两大类。结构材料是以力学性能为基础，用来制造受力构件所用的材料。在工程应用中对结构材料的物理或化学性能有一定要求，如工业上大量应用的 304 不锈钢具有优良的抗腐蚀性[1-3]。功能材料是指通过光、电、热等作用后具有特定功能的材料，这类材料相对于结构材料而言，一般除了具有机械特性外，还具有其他的功能特性。形状记忆合金就是一种代表性的金属功能材料[4-7]。

形状记忆材料是近几十年发展起来的一种新型功能材料。这种材料最主要的特征是具有形状记忆效应（shape memory effect，SME），即具有热弹性马氏体相变的合金材料，在马氏体状态下进行一定的变形，在随后的加热过程中，当超过某一温度时变形材料能恢复到变形前的形状和体积；或者是具有应力诱发马氏体相变的合金材料进行变形诱发马氏体相变后，在随后的加热过程中，材料能恢复到变形前的形状和体积。合金材料这种对初始形状的记忆性能称为形状记忆效应[8]，而具有这种效应的合金称为形状记忆合金（shape memory alloy，SMA）。形状记忆合金对材料的几何形状具有“记忆”本领。这类合金可恢复应变量高达 7%～8%，比一般材料高得多。

形状记忆效应最早是于 1923 年由 A. Olander 在研究 Au-Cd 合金中发现的，他观察到了马氏体随温度的升降而消长的现象。至1938年哈佛大学的A. B. Greninger和麻省理工学院的V. G. Mooradian发现了Cu-Sn、Cu-Zn合金在马氏体相变中的类胶皮特性。这实际是一种与形状记忆合金相关的现象，但未引起广泛注意。随后，直到1938年，苏联的G. V. Kurdjumov等对Cu-14.7%Al-（1.0～1.5）%Ni和Cu-25%Sn合金的马氏体热弹性转变进行了研究，从热力学角度讨论了可逆转变的热弹性马氏体。1951年美国哥伦比亚大学的L. C. Chang和T. A. Read在Au-Cd合金中最早观察到形状记忆效应，他们把Au-Cd合金经过高温长期退火，发现在随后冷却时，呈现马氏体的单相界面转变现象，逆转变时恢复母相，再冷却时又恢复呈马氏体，反复循环，都是如此[9]。直到1963年人们才在Ni-Ti合金中发现了具有实际应用价值的形状记忆效应，此后形状记忆效应又相继在Cu-Zn[10]和Fe-Pt[11]等多种合金中被发现。经过50多年的研究和发展，目前形状记忆合金在工程和生物医学方面的应用已日渐广泛，并逐步形成了蓬勃发展的高新技术产业。

在工业上具有实际应用价值的形状记忆合金按成分可分为镍钛基形状记忆合金、铜基形状记忆合金和铁基形状记忆合金。前两种合金属于热弹性马氏体，在热处理循环训练后可呈现单程、双程和全程形状记忆效应[12]，其形状记忆效应源于热弹性马氏体向母相的逆转变，而铁基形状记忆合金属于非热弹性马氏体，其形状记忆效应是由应力诱发$\gamma \to \varepsilon$马氏体相变引起的[13]。

从应用角度讲，镍钛基形状记忆合金研究最为成熟、应用最为可靠。美国、日本、俄罗斯等国家对其研究和应用较为先进，其具有形状记忆效应好、稳定性高、力学性能好、生物相容性高、耐腐蚀等优点[14-16]，已成功应用于航空航天、生物医学、机器人驱动、阻尼系统、土木工程及日常用品等领域[17-19]。中国与对形状记忆合金的应用研究较先进的国家还有一定的差距，目前国内镍钛基形状记忆合金应用最多的是医学领域。然而，镍钛基形状记忆合金冶炼过程复杂、成分难以控制、材料价格昂贵，限制了其应用的大规模推广。

铜基形状记忆合金具有形状记忆效应优良、导电导热率高、拉伸疲劳性能好[20]、成本低廉等优点，可用于制作热保护元件及工程结构减震等[21]。但铜基形状记忆合金存在耐蚀性差、加工性能差、抗过热能力低、易于产生马氏体稳定化、双程形状记忆效应在几千次循环后易于退化以及随恢复次数的增加形状记忆效应逐渐衰减等缺陷，因此也很难广泛使用。

铁基形状记忆合金是继镍钛基形状记忆合金、铜基形状记忆合金之后开发的第三代形状记忆合金。与镍钛基形状记忆合金和铜基形状记忆合金相比[22]，铁基形状记忆合金具有原材料丰富、价格低廉（仅为镍钛基形状记忆合金的 1/20，铜基形状记忆合金的 1/2）、易于机械加工、力学性能好、常温下变形后的元件易于保存等优点，同时铁基形状记忆合金的抗拉强度和极化电位与钢铁材料的抗拉强度和极化电位相匹配，可利用传统的炼钢方法和加工设备批量生产。在过去十多年间，铁基形状记忆合金因其可作为镍钛基形状记忆合金的替代品而受到人们广泛关注[23]。铁基形状记忆合金中最有价值和潜在应用前景的合金是 Fe-Mn-Si 形状记忆合金[24-31]。

1.2　铁基形状记忆合金的发展概况及分类

1.2.1　铁基形状记忆合金的发展概况

Wayman[10]最早在 1971 年发现 Fe-25%Pt 合金经面心立方 fcc（γ）→体心四方 bct（α'）转变而呈现形状记忆效应，并在 1973 年发现当 Fe-25%Pt 合金经适当处理后，母相奥氏体将呈现有序状态，冷却时马氏体相变由非热弹性变为热弹性，从而呈现形状记忆效应[32]。1982 年，Maki 等[33]成功研制出 Fe-Ni-Ti 形状记忆合金，并经过变形热处理后，合金会发生面心立方 fcc（γ）→体心四方 bct（α'）（薄片状马氏体）热弹性马氏体转变，得到良好的形状记忆效应，并鉴于薄片状马氏体的亚结构为完全孪晶，即孪晶从马氏体一边延伸到另一边并无中断，界面平整，加热或冷却时会发生可逆移动，促使薄片长大和收缩，在 Fe-Ni-Ti 基中加入 Co，经 1200℃固溶处理，或再经时效处理后使析出含共格的有序相，呈热弹性马氏体，出现完全的形状记忆效应和超弹性，推出 Fe-Ni-Co-Ti 形状记忆合金。研究表明：经奥氏体强化的 Fe-31%Ni-0.4%C 合金虽然其马氏体相变是非热弹性，但也呈现近似完全的形状记忆效应，合金中的碳具有促进形成孪晶结构薄片状马氏体的作用，通过变形热处理能强化母相的强度，从而使 Fe-31%Ni-0.4%C 合金呈现近似完全的形状记忆效应[34]。1990 年，Jost[35]发现，经时效的 Fe-32%Ni-12%Co-4%Ti 合金呈现双程形状记忆效应，但其 M_s 点（M_s 表示由母相开始转变为马氏体的温度）相当低（<-196℃），因此必须在低温下使合金变形。

1971 年，Enami 等[36]发现奥氏体钢由于应力诱发面心立方 fcc（γ）→密排六方 hcp（ε）马氏体相变而呈现不完全的形状记忆效应。研究表明，外界应力诱发不锈钢发生面心立方 fcc（γ）→密排六方 hcp（ε）→体心四方 bct（α'）马氏体连续转变，加热时仅发生密排六方 hcp（ε）→面心立方 fcc（γ）的可逆转变，而不发生体心四方 bct（α'）→面心立方 fcc（γ）的可逆转变，认为产生永久滑移和奥氏体位向的不可逆性，减弱了其记忆效果。人们受不锈钢产生形状记忆效应机制的启示，开始寻找单独发生面心立方 fcc（γ）→密排六方 hcp（ε）马氏体相变的合金。Fe-Mn 基形状记忆合金是众所周知发生面心立方 fcc（γ）→密排六方 hcp（ε）马氏体相变的合金。

研究发现，当对 Fe-18.5%Mn 合金施加外加应力作用时[23]，$\gamma \rightarrow \varepsilon$ 马氏体相变及其逆相变呈现形状记忆效应。进一步研究发现：Fe-Mn 基形状记忆合金的形状记忆效应在 Mn 质量分数低于 25%时随 Mn 质量分数的增加而升高，但当 Mn 质量分数高于 25%时，形状记忆效应消失。这主要是由于当 Mn 质量分数高于 25%时，母相奥氏体变形前已发生了顺铁磁-逆铁磁转变，该转变又称奈耳（Neel）转变。这种转变降低了母相奥氏体的自由能，使母相变得相当稳定，即使在应力作用下，也很难发生$\gamma \rightarrow \varepsilon$ 马氏体相变。于是人们开始寻找合金元素来降低 Fe-Mn 基形状记忆合金的奈耳温度。

1982 年 Sato 等[14]发现：在 Fe-30%Mn 合金中加入 1% Si 后，将单晶 Fe-30%Mn-1%Si 合金沿着<414>方向施加拉应力，诱发单变体ε马氏体，经逆相变后将得到完全的形状记忆效应，其可恢复应变达到 9%。Fe-Mn-Si 形状记忆合金就此问世。1984 年，Sato 等[37]在原合金基础上进一步增大 Si 含量，使 Fe-30.8%Mn-6.3%Si 单晶合金的形状记忆效应大幅提高，甚至超过了 Cu 基形状记忆合金的水平，达到 Ni-Ti 多晶合金的水平。研究发现 Si 降低了奥氏体的奈耳温度和层错能强化了奥氏体基，使得应力诱发ε马氏体转变容易发生，因而有利于合金的形状记忆效应。这一重大突破，给 Fe-Mn-Si 形状记忆合金的发展指明了方向。从此，Fe-Mn-Si 多晶形状记忆合金便成为研究的热点[31,38-40]。1990 年，Otsuka 等[24]在 Fe-Mn-Si 形状记忆合金中加入 Cr、Ni，研制出了 Fe-14%Mn-6%Si-9%Cr-Ni 形状记忆合金，使合金的记忆效应进一步改善。同时，Cr、Ni 的加入使 Fe-Mn-Si-Cr-Ni 形状记忆合金具有和不锈钢一样好的耐腐蚀性能，为防锈 Fe-Mn-Si 形状记忆合金的发展开辟了道路。

以上研究成果大大推进了 Fe-Mn-Si 形状记忆合金的发展，并为这类合金的产业化和商业化道路奠定了基础。经过研究者的不断努力，近年来，Fe-Mn-Si 形状记忆合金的研究和开发已经取得了引人注目的进展，其可恢复应变和恢复应力有较大幅度的增加，综合性能有了明显的改善。对该合金系的形状记忆原理的深入研究为进一步提高该合金系的性能和降低该合金系的制造成本指明了方向。新的含 NbC、VN 沉淀、无需训练的形状记忆合金大大降低了加工成本，提高了性价比，应用范围日益拓展。完全可以相信 Fe-Mn-Si 形状记忆合金在不久的未来会是形状记忆合金中的佼佼者，成为价廉物美的智能材料。

1.2.2 铁基形状记忆合金的分类

铁基形状记忆合金中可能发生三种不同晶体结构的马氏体相变：①面心立方 fcc（γ）→面心四方 fct 马氏体；②面心立方 fcc（γ）→体心四方 bct（α'）；③面心立方 fcc（γ）→密排六方 hcp（ε）。第一种是面心立方 fcc（γ）→面心四方 fct 马氏体相变及其逆相变而呈现的形状记忆效应，具有这种效应的合金有 Fe-Pd 和 Fe-Pt 合金，虽然其研究成功具有一定的指导意义，但由于 Pd、Pt 元素价格昂贵，其实用意义不是很大，因而这方面研究较少。第二种是面心立方 fcc（γ）→体心四方 bct（α'）马氏体（薄片状马氏体）相变及其逆相变而呈现的形状记忆效应，具有这种效应的合金如 Fe-Ni-Ti-C、Fe-Ni-Co-Ti 和 Fe-25%Pt（母相有序）合金。这类合金产生形状记忆效应是因为发生了热弹性马氏体转变，其主要特征为母相和马氏体间界面高度平滑，全相变孪晶，在邻近马氏体处很少出现位错，马氏体以弹性协调相变应变，薄片状马氏体界面的能动性不因热滞大小而改变，在冷却或者加热时，马氏体界面移动而长大或收缩。第三种是面心立方 fcc（γ）→密排六方 hcp（ε）马氏体相变及其逆相变而呈现的形状记忆效应，具有这种效应的合金如 Fe-Mn-Si 形状记忆合金和 Fe-Mn-Si-Cr-Ni 形状记忆合金，这类合金具有适中的相变温度（一般在室温附近）、相对较好的形状记忆效应，因此具有很好的应用前景。如表 1.1 所示，列举了具有完全或近似完全形状记忆效应的铁基形状记忆合金的成分、晶体结构和相变特性等[26]。

表 1.1　铁基形状记忆合金的成分、晶体结构和相变特性等[26]

马氏体晶体结构	合金	成分	相变类型	相变温度		
				M_s /K	A_s /K	A_f /K
体心四方（α' 马氏体）	Fe-Pt	≈25%Pt	热弹性	131	—	148
	Fe-Ni-Co-Ti	23%Ni-10%Co-10%Ti	—	173	243	≈443
		33%Ni-10%Co-4%Ti	热弹性	146	122	219
		31%Ni-10%Co-3%Ti	非热弹性	193	343	508
	Fe-Ni-Ti	31%Ni-0.4%C	非热弹性	<77	—	≈400
	Fe-Ni-Nb	31%Ni-7%Nb	非热弹性	≈160	—	—
密排六方（ε 马氏体）	Fe-Mn-Si	30%Mn-1%Si（单晶）	非热弹性	≈300	≈410	—
		（28～33）%Mn-(4～6)%Si	非热弹性	≈320	≈390	≈450
	Fe-Mn-Si-Cr-Ni	14%Mn-6%Si-9%Cr-5%Ni	非热弹性	≈293	≈343	≈573
		20%Mn-5%Si-8%Cr-5%Ni	非热弹性	≈260	≈370	<573
	Fe-Mn-Si-C	17%Mn-6%Si-0.3%C	非热弹性	323	453	494
面心四方	Fe-Pd	≈30%Pd	热弹性	179	—	189
	Fe-Pt	≈25%Pt	热弹性	—	—	300

1.3　马氏体相变特征及形状记忆效应

1.3.1　马氏体相变

马氏体相变属结构改变型的相变，即材料经相变时由一种晶体结构改变为另一种晶体结构。目前学术界一致的观点是，Fe-Mn-Si 形状记忆合金的形状记忆效应是应力诱发的密排六方 hcp（ε）马氏体和面心立方 fcc（γ）奥氏体之间转变的结果。人们在生产实践中很早就认识到，将钢淬火会使钢变硬，据历史记载和对出土文物的分析，中国最早在西汉时期就已经进行了钢的淬火，以使钢剑能“削铁如泥”，其实这个淬火过程就是由高温面心立方相（奥氏体）转变为低温体心立方或体心四角（正方）相（称为马氏体）的马氏体转变。河北易县武阳台村燕下都遗址出土的战国钢件，经检验得出其金相组织是经淬火处理的马氏体[41,42]。

马氏体相变指的就是，替换原子经无扩散位移（均匀和不均匀变形），由此产生形状和表面浮突，呈现不变平面应变特征的一级、形核-长大型的相变。其中“相变”泛指一级（具有热量突变，如放热；体积突变，如膨胀）、形核-长大型（马氏体形成经核心形成和长大阶段）相变。可见马氏体相变的主要特征如下：无扩散的切变形相变，具有形状改变后出现表面浮突，新旧相沿半共格相界面具有严格的位相关系，保持新旧相之间的原子相互对应，相界面为非简单指数面，其不应变，不转动，进行不变平面应变（invariant plane strain，IPS），马氏体内往往具有亚结构。多数材料的马氏体，经加热至一定温度将转变为母相，称为逆相变。逆相变也具有马氏体相变型特征。

用电阻法（也可用其他物理测试方法）可测得材料进行马氏体相变及其逆相变时的相变临界温度，如图 1.1 所示。其中 M_s 表示由母相开始转变为马氏体的温度，M_f 指马氏体相变完成［几乎达到 100%（体积）马氏体］的温度，A_s 表示马氏体经加热时开始逆相变为母相的温度，A_f 为逆相变完成（几乎形成 100%母相）的温度。

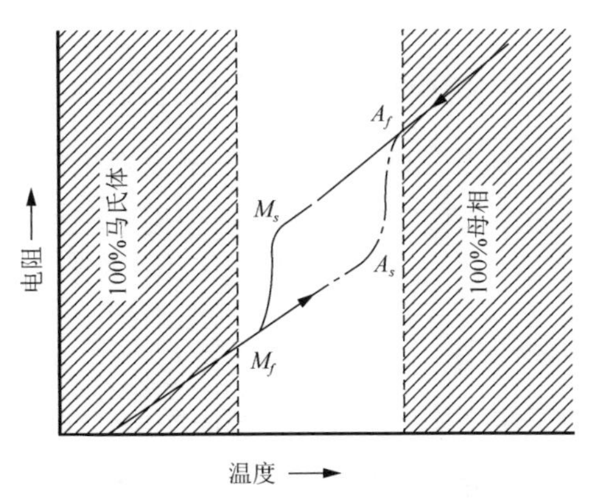

图 1.1 马氏体相变的一些临界温度

1895 年 F. Osmond 将这种在转变过程中出现的以孪晶为特征且具有表面浮突的转变命名为马氏体相变。1924 年 E. C. Bain 提出面心立方 fcc→体心立方 bcc 转变的晶体学切变模型，指出了马氏体转变的切变和无扩散特征，该模型至今仍是研究马氏体相变晶体学的基础[43]。

根据热弹性马氏体相变的热力学特点以及界面动态的不同，可以将马氏体相变分为热弹性、半热弹性和非热弹性相变[44]。其判据为：①临界相变驱动力小，热滞小；②相界面能作往复迁动；③形状应变为弹性协作应变，马氏体内的弹性储存能对逆相变驱动力有贡献。完全满足这三个条件时为热弹性马氏体相变，部分满足时为半热弹性马氏体相变，完全不符合时为非热弹性马氏体相变。Fe-30%Mn-6%Si 合金中 $\gamma \rightarrow \varepsilon$ 相变借层错成核，相变驱动力不大，相变滞后温度约 100K，γ与ε 界面在温度升降时可做可逆运动，但这种可逆运动并不完全，而经过热机械循环训练后能完全可逆（训练使马氏体存储弹性能以驱动逆相变），故属于半热弹性马氏体相变。

1.3.2 马氏体相变表面浮突

马氏体相变晶体学揭示马氏体相变时的晶体结构变化过程，是马氏体相变机制研究的核心。而马氏体的表面浮突显示马氏体相变过程中发生的形状改变，是马氏体相变点阵变形的宏观体现，是定义或识别马氏体相变机制的最重要的基本性质。

Bain 等[45]在 1924 年就曾报道，预先抛光的试样表面经马氏体相变后出现表面浮突。不过，此时不变平面应变的概念和原始表象理论都尚未问世，有关表面浮突晶体学的意义还不太明确，有关表面浮突的定量数据也十分不足，其重大的应用价值也尚待阐明。

1949 年 Greniger 等[46]测量了 Fe-22%Ni-0.8%C 合金{3,10,15}f 马氏体的表面浮突，认为马氏体相变的表面浮突与均匀切变相联系。在此基础上，Greniger 等提出了马氏体相变晶体学的 G-T 模型，其成功地预测了{3,10,15}f 马氏体的惯习面、表面浮突及其取向关系。

以后的实验指出，马氏体的表面浮突使相变前已存在的直线刻痕发生转折，但两相界面处刻痕仍然保持连续，马氏体片内的线段也仍然保持平直而没有弯曲，如图 1.2 所示。直线刻痕经折移后在相界面上保持连续，这证明相界面（惯习面）在相变过程中未发生宏观（10^{-2}mm）可测的应变和转动。

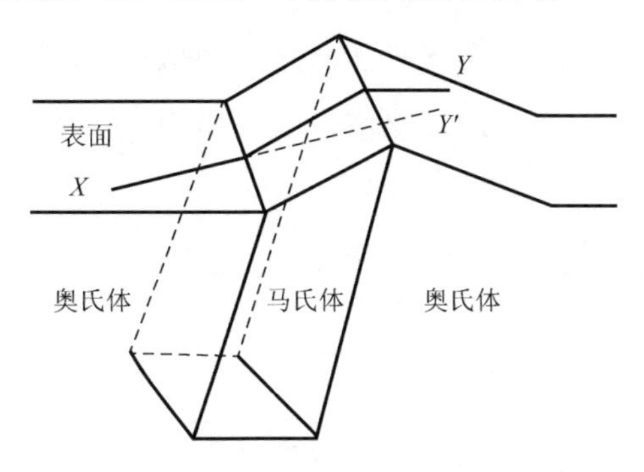

图 1.2　马氏体表面浮突及其“不变平面”

表面浮突效应是马氏体相变点阵变形的直接反映，是马氏体相变最重要的晶体学特征。对马氏体表面浮突的观察与测定可以深入了解马氏体相变的切变机制和晶体学特征，从而在微观角度研究合金的形状记忆机理，以求进一步改善合金的记忆效应。

1.3.3　形状记忆效应

在晶体材料中，形状记忆效应表现为：当一定形状的母相样品由 A_f 以上冷却至 M_f 以下形成马氏体后，马氏体将在 M_f 以下变形，经加热至 A_f 以上，伴随逆相变，材料会自动恢复其在母相时的形状，如图 1.3 所示。Ni-Ti 合金的典型可恢复应变达 7%。

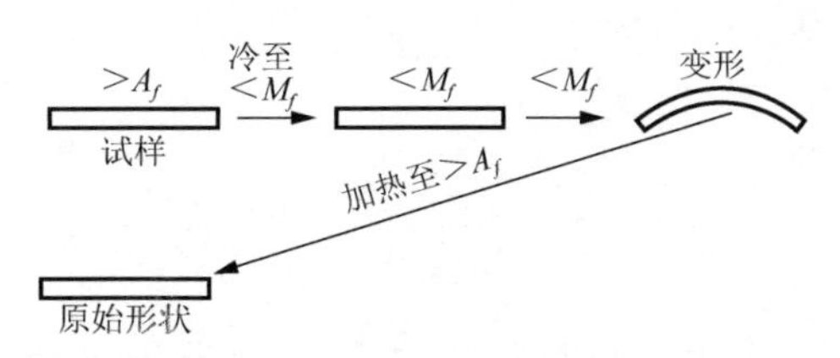

图 1.3　形状记忆效应示意图

一般来讲，形状记忆效应按材料的形状恢复形式大致分为两类，如图 1.4 所示。图 1.4（a）为单程形状记忆效应，图 1.4（b）为双程形状记忆效应。

（1）单程形状记忆效应：经受力变形，加热时恢复高温相形状，冷却时不恢复低温相形状的现象，也称为不可逆形状记忆效应。

（2）双程形状记忆效应：加热时恢复高温相状态，冷却时恢复低温相形状，即通过温度升降自发地、可逆地反复恢复高低温相形状的现象，也称为可逆形状记忆效应。

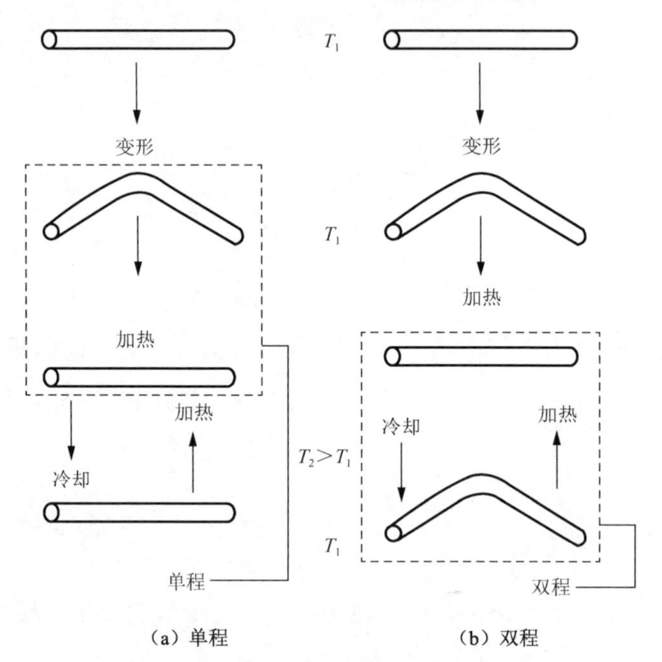

图 1.4　单程和双程形状记忆效应

形状记忆效应一般以形状恢复率 η 来表示。设试样在母相态时的原始形状（若以长度表示）为 l_0，马氏体态时经变形（若为拉伸）为 l_1，经高温逆相变后为 l_2，则

$$\eta = \frac{l_1 - l_2}{l_1 - l_0} \times 100\% \tag{1.1}$$

形状记忆是一种由晶体相变所产生的马氏体相因加热而逆相变为原来的奥氏体相所伴随发生的现象。为什么同样发生马氏体相变的一般钢材却不能记忆自己

的形状呢？这是因为钢的 A_s（马氏体经加热时开始逆相变为母相的温度）和 M_s（由母相开始转变为马氏体的温度）之间的温度差（称为相变温度之后）高达数百摄氏度，即必须过热或过冷到足以积蓄很大的亥姆霍兹自由能差（称为相变驱动力）才能发生马氏体相的转变；而 Au-Cd 合金和 Ni-Ti 合金相变温度滞后仅有 10～30℃，也就是说只要有极小的相变驱动力就能发生相变。

Wayman 等[47]根据当时所发现具有形状记忆效应材料的特性，提出合金具备形状记忆效应的条件为：①具有热弹性马氏体相变；②母相有序化；③以孪生为不变点阵切变，即马氏体内部全部形成孪晶的亚结构。但以后发现，Cu-Zn-Al 合金马氏体的亚结构为层错；Fe-Mn-Si 形状记忆合金仅具有半热弹性马氏体相变，且其母相无序，却呈现完全的形状记忆效应。Fe-31%Ni-10%Co-3%Ti 合金的 γ/α' 相界面能可逆迁动，但热滞很大，和 Fe-Mn-Si 形状记忆合金一样呈现完全的形状记忆效应[9]。Fe-Ni-C（C 的质量分数小于 0.3）在适当条件下，其 γ/α' 相界面可穿越析出的碳化物作可逆运动，但热滞很大，也显示较完全的形状记忆效应[34]。因此他们当时所列具备形状记忆效应的三个条件均已失效。随后，Wayman 等[47]对形状记忆提出了晶体学的可逆性。

根据马氏体相变的定义，从物理图像考虑，相变中替换原子无扩散切变即为规则的迁动，逆相变时又为逆向迁动，则只要形成单变体马氏体并排除其他阻力（干扰），材料通过马氏体相变及其逆相变，就会呈现形状记忆效应。徐祖耀[48]以群论导得：材料经马氏体相变及其逆相变，使呈现晶体学可逆性，从而导致形状记忆的条件为形成单变体马氏体。实际上还要排除干扰和阻碍呈现晶体学可逆性的外在阻力，其主要阻力为位错的产生。当相变中惯习面改动（转动）、破坏不变平面应变以及其他相的形成，都不利于形状恢复。强化母相使不易产生位错是减小形状记忆阻力的有效措施。Cu-Zn-Al 形状记忆合金中马氏体的稳定化以及连续使用中贝氏体的形核或形成都是形状记忆的阻力。

在 Ni-Ti 基形状记忆合金和 β-Cu 基形状记忆合金中，多变体马氏体在变形时会发生再取向，形成近似单变体马氏体。在 Fe-Mn-Si 形状记忆合金中，由冷却形成三个 ε 马氏体变体在变形时不易进行再取向。因此，为获得近似单变体马氏体，需由母相经应力诱发形成马氏体，一般还要经受“训练”，即在温室变形，再加热到高温（母相态）进行逆相变，再冷却至室温变形，如此往复（一般“训练”4～5 次），形成近似单变体马氏体，从而获得完全的形状记忆效应。在 Fe-Mn-Si 形状记忆合金中，α' 马氏体的形成以及发生反铁磁相变都形成形状记忆的阻力。

1.3.4 伪弹性及超弹性

具有热弹性马氏体相变的合金，除显示形状记忆效应外，还呈现另一重要性质，即伪弹性或力学形状记忆。当合金经受应力，由母相经应力诱发（应力提供相变驱动力）相变，形成马氏体，当去除应力后，部分应变因应力诱发马氏体逆变为母相而恢复，称为伪弹性（应力-应变曲线上所呈现的弹性由相变引起）。当应变全部恢复时称为超弹性。图 1.5 为 Cu-38.9%Zn 单晶在-77℃（合金的 M_s =-125℃）变形，至应变达 9%时呈完全的应力诱发马氏体态，卸去应力后，应力-应变曲线上出现回线，呈现超弹性。对不同合金、或对同一合金在不同温度下施加应力后，卸载后会出现不同的应变恢复情况，有的呈现伪弹性——应变部分恢复。

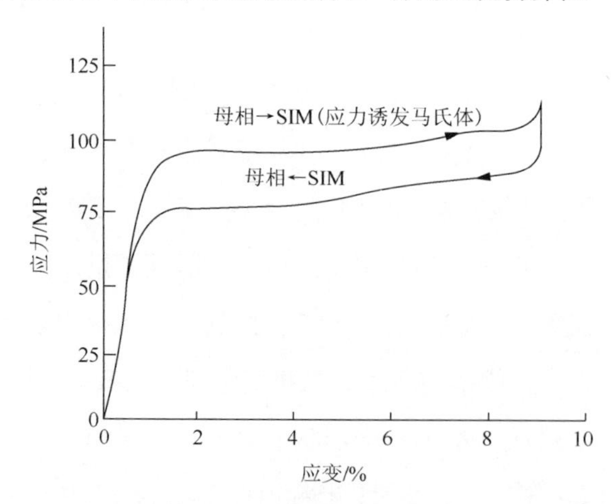

图 1.5 Cu-38.9%Zn 合金单晶（ M_s =-125℃）在-77℃时施加应力及卸载后的应力-应变图

在呈现热弹性马氏体相变合金中，如 Ni-Ti 基形状记忆合金和 β-Cu 基形状记忆合金中的马氏体变体，经变形时会发生再取向，即马氏体界面和内孪晶界面会迁动，使有利长大的变体吞并相邻变体而长大，逐渐成为近似单变体马氏体。当卸载后，这些近似单变体马氏体部分逆相变，使应变部分恢复，也就会出现伪弹性（甚至超弹性）。

图 1.6 为形状记忆材料中出现伪弹性恢复和形状记忆效应的典型应力-应变变化示意图。其中，在 D 点以下为形成应力诱发马氏体或已存在（热变）马氏体的再取向，在 D 点形成总应变为 ε_T；在 D 点去应力后，部分应变先弹性恢复（伪弹性 $\varepsilon_T \to E$）；剩余部分的应变（AE）需经升温至 A_s，经高温逆相变，应变逐渐恢复（形状记忆效应 E 或 FG），到 A_f 时可能还存在小部分应变（GH）未经恢复，称为永久应变；FG 应变段则称可恢复应变，可恢复应变和永久应变也是衡量形状记忆效应的指标，良好形状记忆效应指形状恢复率（η）值大，可恢复应变值大，而永久应变值小。

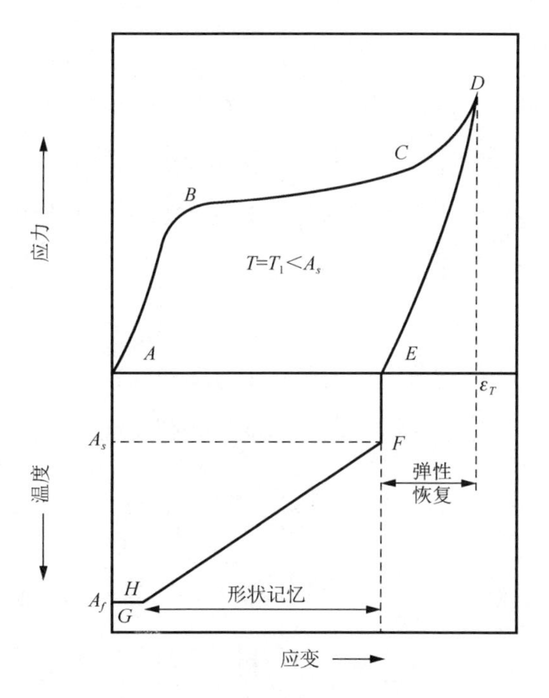

图 1.6 伪弹性恢复及形状记忆效应示意图

具有热弹性马氏体相变的材料，形状恢复往往包括伪弹性和形状记忆效应；而具半热弹性相变的材料，其伪弹性很小，形状恢复主要依靠加热后的逆相变。

Baruj 等[49]对热轧态的 Fe-28%Mn-6%Si-5%Cr 合金进行 800℃时效并保温 10min 处理时研究发现，当温度超过 110℃时合金中存在应力诱发 ε 马氏体，而当温度超过 150℃时 ε 马氏体则消失。进一步研究指出，在 90～100℃温度范围内，合金具有相对较大的超弹性，这一特性与透射电子显微镜（transmission electron microscope, TEM）在这一温度范围内所观察到的马氏体的形态相符，这说明超弹性与堆垛层错的形成以及与不全位错相关的逆向运动有关。

1.3.5 形核机制

$\gamma \rightarrow \varepsilon$ 马氏体相变均发生在低层错能合金中，因此很自然地将层错与马氏体相变联系起来。事实上，层错区域本身就是两个原子厚度的六方相，Brooks 等测量了层错面｛111｝的面间距，发现接近于六方相（0001）的面间距，认为单片层错就是密排六方相[50]。已经肯定，在面心立方 fcc(γ)→密排六方 hcp(ε)马氏体相变过程中，奥氏体中的层错亚结构对 ε 马氏体的形核具有很大的作用。现已确定 Fe-Mn-Si 形状记忆合金的 $\gamma \rightarrow \varepsilon$ 马氏体相变由层错形核，但是形核机制至今还没有统一。目前，形核机制主要有极轴形核机制与层错自发形核机制两种[48,51]，这两种形核机制均有一定的实验依据和理论基础。极轴形核机制[51]是以 α 铁中孪晶成长的机制。

如图 1.7 表示某一位错节点，在面心立方相的（111）面上存在一个全位错，其布氏矢量为 $\frac{a}{2}[\bar{1}10]$。这个位错将发生如下的分解反应：

$$\frac{a}{2}[\bar{1}10] \longrightarrow \frac{a}{6}[\bar{1}2\bar{1}] + \frac{a}{6}[\bar{2}11]$$

式中，$\frac{a}{6}[\bar{1}2\bar{1}]$ 的位错标为 α，$\frac{a}{6}[\bar{2}11]$ 的位错标为 β，又从节点引出具有[111]方向的位错线 γ 和 δ，其柏氏矢量分别为 $\frac{a}{2}[211]$ 和 $\frac{a}{2}[121]$，它们又发生下列分解：

$$\frac{a}{2}[211] \longrightarrow \frac{2a}{3}[111] + \frac{a}{6}[2\bar{1}\bar{1}]$$

$$\frac{a}{2}[121] \longrightarrow \frac{2a}{3}[111] + \frac{a}{6}[\bar{1}2\bar{1}]$$

其中$[2\bar{1}\bar{1}]$和$[\bar{1}2\bar{1}]$均在（111）面上。而γ和δ的柏氏矢量在垂直于（111）面上的分量恰为$\frac{2a}{3}[111]$，其模$\frac{2\sqrt{3}a}{3}$即为面心立方相中（111）面的面间距c的两倍（$2c$），这样以γ和δ位错所穿过的（111）面为螺旋面，其间距等于$2c$。当温度接近相变点时，层错能下降至接近零。在相变温度以下，由相变自由能差作为驱动力作用于（111）面上，使两个不全位错α和β围绕极轴位错作反方向的扫动，其所经过的区域便把面心立方相不断地转变成为六方相，最后完成六方相的三维长大，如图 1.8 所示。

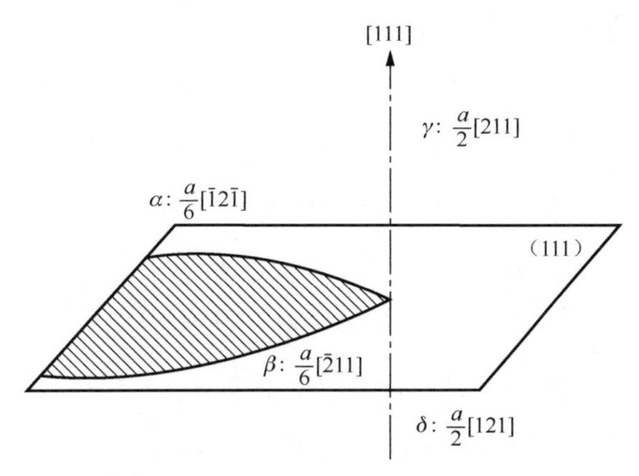

图 1.7　六方相极轴形核示意图

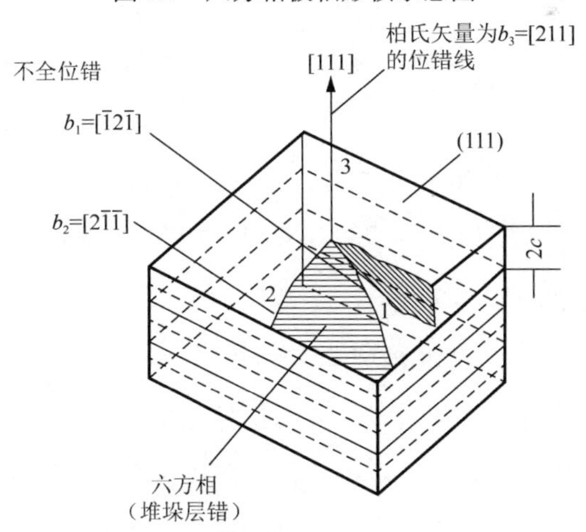

图 1.8　六方相极轴机制三维长大示意图

Hoshino 等[52]通过透射电子显微镜原位观察发现，经压缩的单晶 Fe-Mn-Si 形状记忆合金可通过小角度晶界处的极轴位错以及极轴机制形成应力诱发的ε马氏体。然而经进一步计算表明，对 Co 的马氏体相变尚能应用极轴机制，而层错能比 Co 小一个数量级的 Co-14%Ni 和 Co-3.5%Cu 合金，相变驱动力在 10^{-1} 数量级，即使相变驱动力全部用于移动位错的切应力，还是大大不够，因此极轴机制并不适用。极轴机制需要六方相区的存在，并需要极轴位错，它通过六方相晶体及邻近面心立方区，这个位错是不动的。

从动力学角度看，极轴机制只适合层错能较高的合金而不适合层错能低的合金。然而，由于试验中无法证明极轴位移的存在，极轴机制受到多数研究者怀疑。徐祖耀等[53]根据自己研究并总结他人的研究结果指出，$\gamma \rightarrow \varepsilon$马氏体相变驱动力不足以克服极轴机制中所需的两个不全位错迁动的交互作用能，而是认为对层错能较低的 Fe-Mn-Si 形状记忆合金ε马氏体不能借助极轴机制形核，而是借层错重叠形核。

目前，层错机制受到研究者的普遍重视。发生$\gamma \rightarrow \varepsilon$马氏体相变时，层错对马氏体相的形成起着至关重要的作用。层错重叠形核机制是 Olson 等[54]在 1976 年提出的，其基本思想是在面心立方 fcc 母相中，Shockley 不全位错每隔一层密排面上运动就产生六方晶体，再略微调整，就成为ε马氏体。母相中存在堆垛层错，而母相中的高应变缺陷和应力使层错位移，层错的有序重叠就形成了六方相的扩展。

Cohen 等提出了广义层错能的概念[55]。设r_s为层错能，它决定于层错的厚度n（以面数表示）；$\sigma(n)$为表面能，n愈大，表面能愈低；ΔG为化学自由能差；E为应变能，一个密排面的原子密度为ρA，则

$$r_s = n\rho A(\Delta G + E) + 2\sigma(n) \tag{1.2}$$

层错的重叠使 n 增高，表面能下降，层错重叠处的r_s可为零，层错能不构成形核能垒。关于层错自发形核，Wayman 等[56]从热力学方面分析了因层错堆垛而形成面心立方 hcp 相的可能性。徐祖耀[48]研究发现，Co 和层错能比 Co 低一个数量级的 Co-Ni 及 Co-Cu 合金马氏体相变热力学，指出：前者可能由极轴机制形核，而层错能较低的后者可直接由层错形核。并进一步指出，层错能低的 Fe-Mn-Si 形

状记忆合金的热诱发和应力诱发ε马氏体均由层错形核，经 Shockley 不全位错的扩展而长大，经不全位错的收缩呈现逆相变。

Olson 等[54]还着重考虑了点阵相变机制，使密排面始终保持平行，层错面不转动，便得到一定位向关系和不变平面。缺陷的应变能可提供形核能量。因此，当应变能和化学自由能之和（负值）足以抵偿表面能时，ε马氏体核心就自发扩张。他们在 Fe-Cr-Ni 合金中，通过测量M_s和单片层错能数值并进行热力学计算，得到面心立方 fcc→密排六方 hcp 冷却时ε马氏体的形核需要 3～5 个层错重叠才能完成。

张修睦等[57]在 Fe-14%Mn-0.4%C 合金中发现，当层错重叠数为 4～5 时就形成ε马氏体，证实了上述论断。由于层错重叠形核机制适合于层错能较低的合金（如 Fe-Mn-Si 形状记忆合金），因此在研究 Fe-Mn-Si 形状记忆合金时受到重视。但是层错重叠形核机制还存在一些尚待解决的问题，如ε马氏体的形核不仅需要有序的层错重叠，还要求有一定组合结构的 Shockley 不全位错以构成可动 hcp/fcc 界面[58,59]，说明层错对ε马氏体形核的作用其实质还需作进一步研究。

由于ε马氏体形核机制还没有得到完全统一，因此新的形核机制层出不穷。Inagaki[30]认为，在低应力下，从晶界和已存在的ε马氏体界面连续发射层错，形成层错重叠使马氏体生成和长大；在高应力下，ε马氏体和层错相互交叉成为ε马氏体生长的主要机制。郭正洪等[60]通过对 Fe-30%Mn-6%Si 合金透射电子显微镜观察和热力学分析发现，ε马氏体并非借极轴机制形成，也不是按上面给出的 Olson-Cohen 模型成核，$\gamma\rightarrow\varepsilon$马氏体相变是一个通过层错由无规则堆垛到规则隔层堆垛的过程。Fujita 等[61]提出利用不全位错交滑移机制来实现层错在基面（切变面）上的有序重叠而使ε马氏体形核。同时，在两个$\{111\}_\gamma$面的交界处留下一个压杆位错。这个机制可较好地解释层错有序重叠的原因，尤其对应力诱发ε马氏体相变。外加应力的剪切分量作用于与基面相交的另一$\{111\}_\gamma$密排面上，并将该面上无序分布的不全位错牵引到$\gamma\rightarrow\varepsilon$马氏体形核需要的基面上，从而实现了层错的有序重叠。这一观点还可解释在 Fe-Mn-Si 形状记忆合金中应力诱发ε马氏体数量明显大于热诱发ε马氏体数量的原因。

在$\gamma\rightarrow\varepsilon$马氏体相变中，$\varepsilon$马氏体的长大可分为增长与加厚两方面。对于$\varepsilon$马

氏体的增长，可通过 Shockley 不全位错在 $\{111\}_\gamma$ 面上滑移实现，加厚方式则成为人们研究的重点。Fujita 等[61]认为，在原始滑移面上移动的全位错在分解为 Shockley 不全位错时，若交滑移面上应力足够高，则原始滑移面上的 Shockley 不全位错在交滑移面上又将分解成一压杆位错和一个 Shockley 不全位错。前者留在两滑移面处成为一个不可动的刃型位错，后者滑移使 ε 马氏体增厚。Bollmmann[62]在研究了层错的交叉行为后提出，层错交叉时在交叉部位产生应力集中，从而在原层错表面上相距两层原子面高度处诱发出 Shockley 不全位错，ε 马氏体借此方式增厚。Olson 等[54]认为，Shockley 不全位错在滑移中若遇到具有合适柏氏矢量的位错，ε 马氏体就会以极轴方式加厚，但未见试验证实。

由于早期的 ε 马氏体形态可以更为清晰地反映其长大行为，同时也能较为充分地反映 ε 马氏体形核，因此，人们较为重视对 ε 马氏体早期形成的研究。Yang 等[13]在研究 Fe-14%Mn-6%Si-8%Cr-5%Ni 合金的自发 ε 马氏体相变时发现，在相变早期，ε 马氏体的厚度一般小于 50Å 且为单变体薄片。Putaux 等[59]利用高分辨电子显微镜详细观察了 Fe-15.92%Mn-5.06%Si-9.13%Cr-4.18%Ni-0.04%W-0.02%N 合金 ε 马氏体生长端的界面结构后，发现生长早期的 ε 马氏体小薄片厚度约为 80 个原子层厚度，在其端部存在着 Shockley 不全位错的关联结构。ε 马氏体的加厚来源于新的 ε 马氏体薄片的形核而不是已存在片层的增厚。Liu 等[63]的试验发现，无论热诱发还是应力诱发 ε 马氏体，早期形成厚度 5～30nm、长 100～300nm 的小片（基元），随后这些分别形成的小片不断增长，相互联结成为长的单片状 ε 马氏体，也就是说 ε 马氏体也是由小基元分别形核的方式逐渐成长的。

1.4 Fe-Mn-Si 形状记忆合金 $\gamma \rightarrow \varepsilon$ 马氏体相变机制

传统的镍基形状记忆合金和铜基形状记忆合金的形状记忆效应与热弹性马氏体相变有关，但 Fe-Mn-Si 形状记忆合金的形状记忆效应与其有所不同，它是通过应力诱发 $\gamma \rightarrow \varepsilon$ 马氏体相变及其逆相变而实现的（即相变伪弹性）。这是 1982 年日本学者 Sato 等[14]最早提出的，Fe-Mn-Si 形状记忆合金的记忆效应取决于应力诱发

ε 马氏体的数量。$\gamma \rightarrow \varepsilon$ 马氏体相变，由奥氏体（γ）点阵中每隔一个$\{111\}$面经一个$\frac{a}{6}[112]$ Shockley 不全位错移动而形成[64]，所以密排六方 ε 马氏体相变的关键在于 Shockley 不全位错的可逆运动。

Sato 等[14]发现，单晶 Fe-27%Mn-3%Si 系合金若沿<414>方向变形，合金的形状记忆效应最好，其可恢复应变达 9%，如图 1.9 所示。沿<414>方向变形，应力诱发形成单变体 ε 马氏体；沿其他方向变形时，在两个$\{111\}$面上诱发出 ε 马氏体，不同层面上的 ε 马氏体间必然发生交叉穿越，交叉处由于应力场很大而发生塑性变形，阻碍了不全位错的逆向移动，降低了合金的形状记忆效应。

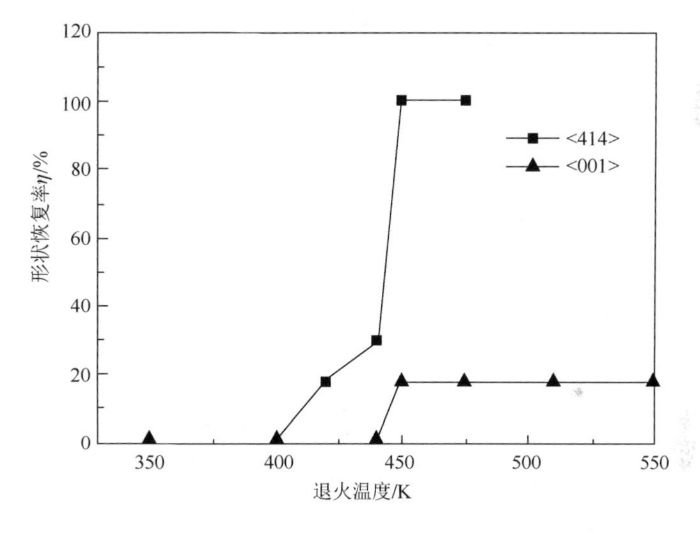

图 1.9　拉伸变形方向对 Fe-27%Mn-3%Si 单晶试样形状恢复率的影响[14]

由于 Fe-Mn-Si 形状记忆合金具有低的层错能，在一定条件下，高温母相面心四方 fcc（γ）中的一个全位错$\frac{1}{2}[110]$容易分解成两个滑移型的 Shockley 不全位错：$\frac{a}{2}[110] \longrightarrow \frac{a}{6}[112] + \frac{a}{6}[211]$。层错能越低，分解过程越容易进行，其形状记忆效应越好。在两个 Shockley 不全位错间，形成的堆垛层错区域就是两个原子层厚度的密排六方 hcp（ε）马氏体的堆积，随着层错能的增大，层错的宽度逐渐下降。若干层错的重叠则构成一定宽度和厚度的密排六方 hcp（ε）马氏体，并具有

$<110>_{\gamma}//<1120>_{\varepsilon}$，$(111)_{\gamma}//(0001)_{\varepsilon}$ 的位向关系。每隔两层 $\{111\}_{\gamma}$ 面上产生一片层错且有规则顺序重叠则称为层错的有序重叠，如图 1.10（a）→（c）所示；而无序重叠是指在距离不等的 $\{111\}_{\gamma}$ 面上形成的层错，最后达到每隔两层 $\{111\}_{\gamma}$ 面上产生一片层错，如图 1.10（a）→（b）→（c）所示。在 $\{111\}_{\gamma}$ 面上沿<112>方向隔层迁移 $\frac{a}{6}[112]$ 不全位错，就完成了 $\gamma\rightarrow\varepsilon$ 马氏体相变[43]。Shockley 不全位错的可逆性是 ε 马氏体相变呈现形状记忆效应的关键。

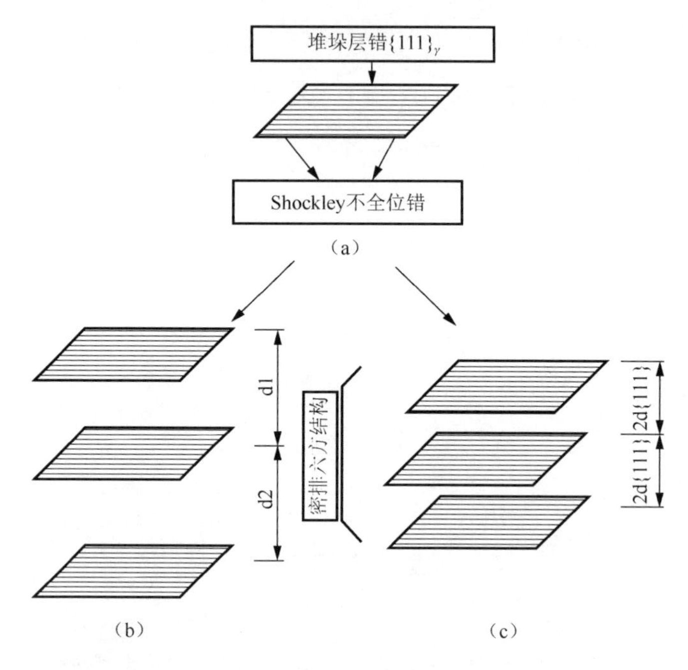

图 1.10　ε 马氏体层错重叠形成方式示意图[44]

有序重叠：（a）→（c）；无序重叠：（a）→（b）→（c）

Yang 等[64]从晶体学角度研究了 $\gamma\rightarrow\varepsilon$ 马氏体的可逆相变及其形状记忆效应，认为它与铜基形状记忆合金所建立的模型相似，如图 1.11 所示。当温度下降到 M_s 点以下时，单晶母相转变为 12 种马氏体变体。这 12 种马氏体变体以独特的自协调方式形成 4 个自协作形态，当应力作用于这种自协作形态时，位于与应力方向有利的马氏体片生长，而位于不利取向的马氏体被有利取向的马氏体吞并，最后成为单一有序的ε马氏体单晶。当温度高于M_s点时，对母相单晶进行拉伸变形而直接获得ε马氏体单晶，这种单晶或伪单晶通过加热逆相变形成原来单一取向的母相单晶，其宏观形状也恢复到初始状态。

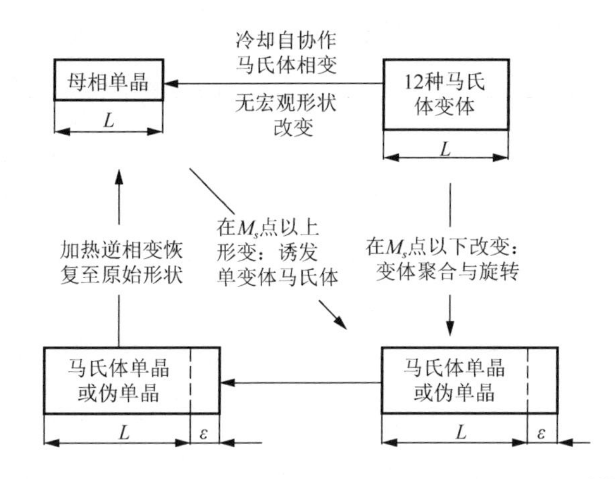

图 1.11　Fe-Mn-Si 形状记忆合金形状记忆效应示意图[64]

Kikuchi 等[65]认为在层错能很低的合金中容易形成薄片状ε马氏体（1～2nm），我们知道在 Fe-Mn-Si 形状记忆合金中只有当马氏体呈薄片状时，合金才具有记忆功能。Huang 等[66]认为经过深冷处理后，Fe-19.35%Mn 合金γ奥氏体和ε马氏体中的堆垛层错都增加，Shockley 不全位错密度也随之增加。在拉伸过程中，存在于γ奥氏体和ε马氏体中的堆垛层错随着应变的增加而增大。Druker 等[67]从热力学角度分析了点阵缺陷在 Fe-Mn-Si 形状记忆合金中对于控制$\gamma \rightarrow \varepsilon$马氏体相变方面作用很大。

邵潭华等[58]观察 Fe-7.88%Cr-7.56%Ni-7.82%Mn-6.22%Si 合金的显微组织时发现，除ε马氏体外，变形孪晶的形成及其在加热时的逆转变也是形状记忆效应的一个来源。他们认为这类合金的孪晶界面能低，变形时易形成高密度的变形孪晶，变形孪晶的形成与ε马氏体一样，也是 Shockley 不全位错运动的结果，在加热过程中 Shockley 不全位错发生逆向转动，变形孪晶随之消失，因而有利于形状记忆效应。

1.4.1 Fe-Mn-Si 形状记忆合金中马氏体相变驱动力

Fe-Mn-Si 形状记忆合金冷却至 M_s 以下，由于马氏体与母相之间的自由能差 $\Delta G_{T\langle M_s}^{\gamma\to\varepsilon}$ 为负值，而发生 $\gamma\to\varepsilon$ 马氏体相变。这种情况下，相变驱动力为温度。在 M_s 以上，由于两相自由能差 $\Delta G_{M_s\langle T}^{\gamma\to\varepsilon}$ 为正，马氏体相变不会发生，奥氏体则稳定地存在。虽然在 M_s 以上的某一温度 T，两相自由能差 $\Delta G_T^{\gamma\to\varepsilon}$ 为正值，但是根据热力学第二定律，只要反应或过程前后体系的自由能差为负值，该反应或过程就能进行，因此，在温度 T 下，以外加应力的形式向 Fe-Mn-Si 形状记忆合金提供能量，在 T 温度下 $\Delta G_T^{\gamma\to\varepsilon}<0$，以外力做功提供能量来补偿从温度 T 冷却至 M_s 时体系产生的自由能差，从而即使在高于相变温度 M_s 之上，也能发生 $\gamma\to\varepsilon$ 马氏体相变。在这种情况下，相变驱动力为外加应力。

$$\left|\Delta_F G_T^{\gamma\to\varepsilon}\right| \geqslant \left|\Delta_C G_{M_s}^{\gamma\to\varepsilon}-\Delta_C G_T^{\gamma\to\varepsilon}\right| \qquad (T>M_s) \tag{1.3}$$

式中，$\Delta_F G_T^{\gamma\to\varepsilon}$——$T$ 温度时由外力引起的 $\gamma\to\varepsilon$ 马氏体相变自由能差的变化；

$\Delta_C G_{M_s}^{\gamma\to\varepsilon}$——无外力作用下，$M_s$ 温度时两相之间的自由能差；

$\Delta_C G_T^{\gamma\to\varepsilon}$——无外力作用下，$T$ 温度时两相之间的自由能差。

徐祖耀等[53]指出，在低层错能合金中相变临界驱动力 ΔG_c 与层错能 γ 之间的关系如下：

$$\Delta G_c = A\cdot\gamma + B \tag{1.4}$$

式中，A、B——与材料有关的常数。

对于 Co 合金，B 值和相变应变能相当。对于 Fe-Mn-Si 形状记忆合金，实验测得

$$M_s = 372 - 0.113 / P_{\mathrm{sf}} \tag{1.5}$$

式中，P_{sf}——层错几率。

在位错密度不大时，一般 P_{sf} 与层错能 γ 呈倒数关系。当定义 $\Delta G^{\gamma\to\varepsilon}\big|\Delta G_c = 0$ 时的温度为 M_s 时，可导出：

$$\Delta G_c = C + D / P_{\mathrm{sf}} \tag{1.6}$$

式中，C、D——常数。

式（1.6）和式（1.4）具有同样的形式。可见，Fe-Mn-Si 形状记忆合金相变临界驱动力与层错能之间的关系也符合式（1.4），这类合金的层错能虽然很低，但对 $\gamma \to \varepsilon$ 相变仍起重要作用。

金学军等[68]通过计算 Fe-Mn-Si 形状记忆合金中 γ 和 ε 相的吉布斯自由能，并考虑 Si 对体系反铁磁性相变温度的影响，得出了 γ 相的奈耳温度 $T_{\rm N}^{\gamma}$ 与组元摩尔分数之间的关系式为式（1.7）。通过计算不同组分 Fe-Mn-Si 形状记忆合金马氏体相变临界驱动力 $\Delta G^{\gamma\to\varepsilon}$ 获得，$\Delta G^{\gamma\to\varepsilon}$ 与组分的依赖关系符合式（1.4）。

$$T_{\rm N}^{\gamma} = 67x_{\rm Fe} + 540x_{\rm Mn} + x_{\rm Fe}x_{\rm Mn}[761 + 689(x_{\rm Fe} - x_{\rm Mn})] - 850x_{\rm Si} \tag{1.7}$$

试验测得[69]，在一定成分范围的 Fe-Mn-Si 形状记忆合金三元系中[46]，层错几率 $P_{\rm sf}$ 和 Mn、Si 含量（质量分数）之间的关系为

$$1/P_{\rm sf} = 540.05 + 23.70\%{\rm Mn} - 138.74\%{\rm Si} \tag{1.8}$$

由此导得三元合金的相变临界驱动力与 $P_{\rm sf}$ 之间的关系：

$$\Delta G_c = 67.487 + 0.1775/P_{\rm sf} \tag{1.9}$$

将式（1.8）代入式（1.5），可以得到计算的三元合金的 M_s 值与实验值能较好地符合。

内耗试验结果表明[53,70,71]，Fe-33.7%Mn-5.3%Si、Fe-30.3%Mn-6.1%Si 和 Fe-26.4%Mn-6.02%Si-5.2%Cr 三种合金在 $\gamma \to \varepsilon$ 马氏体的逆相变中母相的弹性模量并不明显降低，而且奥氏体的晶粒和亚晶粒的大小对 M_s 均无明显影响。据此可以推断，Fe-Mn-Si 形状记忆合金 ε 马氏体的形核和母相的软模无明显的依赖关系。然而，万见峰[70]在其研制的高强度 Fe-Mn-Si-Cr-Ni 形状记忆合金中，观察到在相变临界温度附近出现母相的软模现象，尤其逆相变时软模现象更加明显。因此他提出了 ε 马氏体形核的“层错-软模耦合机制”，即 $\gamma \to \varepsilon$ 马氏体的相变是通过层错化和软模共同作用来完成相变过程的。

根据马氏体形成前母相是否经屈服为标准，称经母相屈服而形成的马氏体为应变诱发马氏体，母相未经屈服而诱发产生的马氏体为应力诱发马氏体。应力诱发马氏体和应变诱发马氏体对应着不同形核机制。但是，在一般的外加应力作用下往往是同时存在应力诱发马氏体和应变诱发马氏体，故在不严格区分两者时，常将两者统称为应力诱发马氏体。

图 1.12 为应力和应变马氏体相变的临界应力与变形温度关系的示意图。图中 M_s^σ 表示马氏体形核所需的附加应力恰好等于母相屈服应力时的温度，M_d 表示应力诱发马氏体的最高温度。

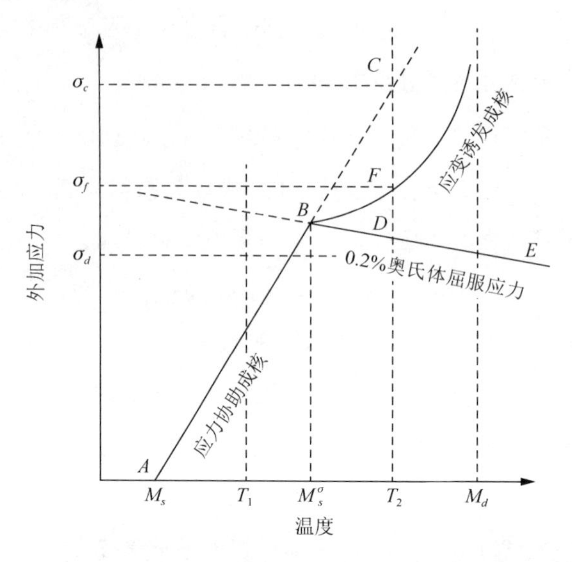

图 1.12 应力和应变马氏体相变的临界应力与变形温度关系的示意图

假设化学驱动力在 M_s 点以上随温度升高而线性下降，则应力诱发马氏体相变的临界应力随温度升高而线性增加。当温度位于 M_s～M_s^σ 时，外加应力作为相变自由能的附加部分，当叠加数值达到临界相变驱动力就能形成马氏体，这是应力协助形核的结果。当温度位于 M_s^σ～M_d 时，随着温度升高，两相自由能差减小，必须施加更大的应力才能形核，而同时母相的屈服强度随温度的升高而降低，这样在形成马氏体时所需的应力已超过母相的屈服点。如图 1.12 中在 T_1 温度施加应力至 σ_a 将产生塑性变形，之后应力增加到 σ_b，然后开始马氏体相变，σ_b 大大低于 σ_c（由外推法获得的 T_1 温度时诱发马氏体的临界应力），因此认为这种情况下是母相进行塑性，提供马氏体相变形核缺陷（位错、层错等）。与化学驱动力引起的马氏体相变开始温度 M_s 形成对照的是 M_d 温度，当变形温度高于 M_d，化学驱动力变得很小，以至于无论怎样塑性变形也不能以机械驱动力诱发马氏体形核。

1.4.2 Fe-Mn-Si 形状记忆合金热诱发马氏体和应力诱发马氏体

马氏体的相变可分为热诱发 ε 马氏体相变和应力 ε 诱发马氏体相变。在 Fe-Mn-Si 形状记忆合金中，当温度降到 T_0 以下，达到 ε 马氏体开始形成温度 M_s 点时，就会产生 ε 马氏体，称为热诱发 ε 马氏体相变。如果在高于 M_s 点而低于 M_d 点对母相施加应力，母相直接诱发为马氏体相，称为应力诱发 ε 马氏体相变[72]。

热诱发或自发转变的 ε 马氏体一般均呈自协作形态。每个 ε 板条通常由三个不同切变方向的薄层变体组成，以降低相变区的总形状应变。相反，应力诱发 ε 马氏体相变是通过单一类型的 Shockley 不全位错的选择运动完成的，这种位错相对外加应力处于最有利的方向。因此，应力诱发 ε 马氏体板条是由单一变体组成的[73,74]。

如图 1.13 所示为热诱发 ε 马氏体板条和应力诱发 ε 马氏体板条的比较。在热诱发的情况下，虽然各薄层板条在局部都诱发了一个比较大的均匀切变，但是由于

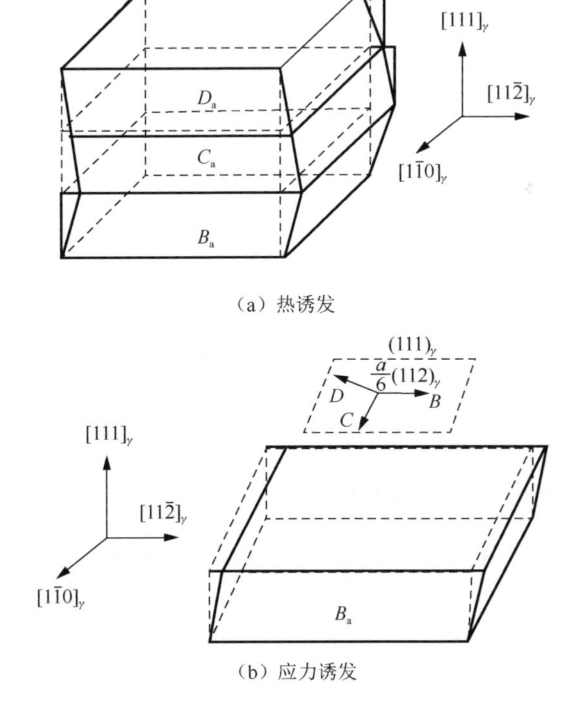

图 1.13 热诱发 ε 马氏体板条和应力诱发 ε 马氏体板条的比较

三种变体的自协作使ε马氏体板条总的形状应变几乎为零。应力诱发ε马氏体板条产生了一个比较大的相变切变，可有效地贡献给形状记忆效应的形状变化。表 1.2 为经过不同处理方式，奥氏体中产生热诱发和应力诱发ε马氏体的微观结构[75]。

表 1.2　热诱发和应力诱发ε马氏体产生的微观示意图[75]

步骤	条件	试样形状	不同退火温度的微观结构	
			650℃	950℃
1	水淬火	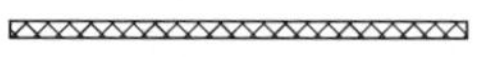	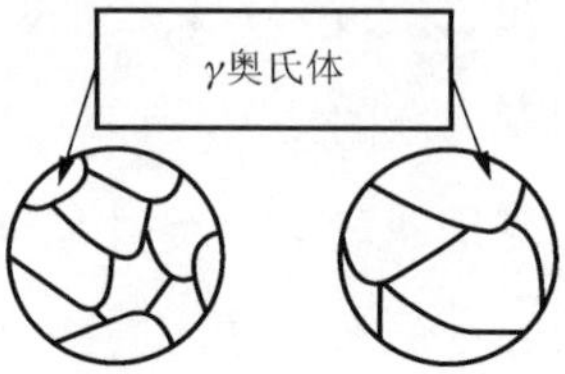 γ奥氏体	
2	氮淬火		 热诱发ε和α'马氏体	
3	预应变（氮淬火后立即）	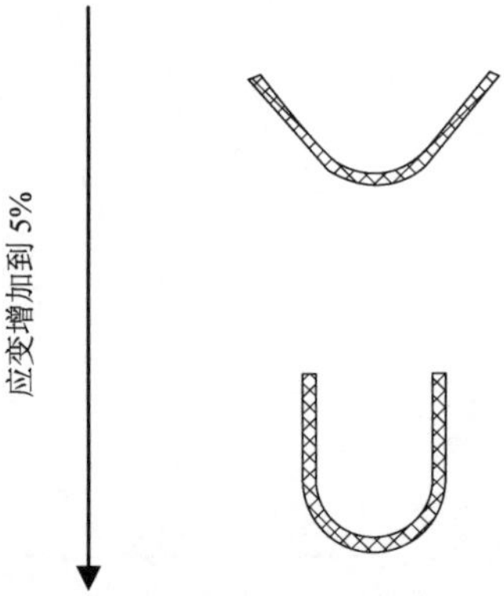 应变增加到 5%	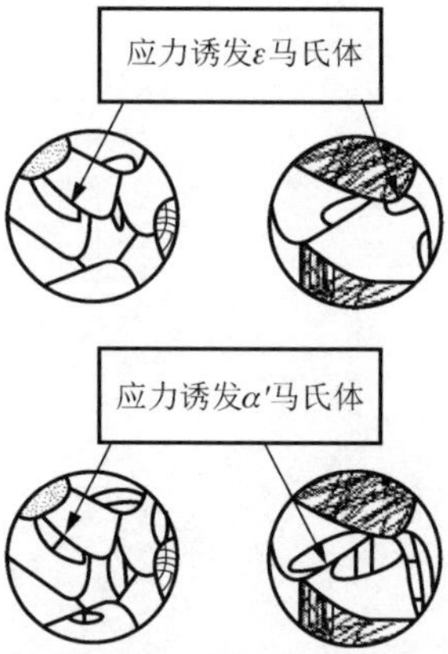 应力诱发ε马氏体	
			应力诱发α'马氏体	

$\gamma \to \varepsilon$马氏体相变由不全位错$\dfrac{a}{6}[112]_\gamma$沿$<112>_\gamma$方向每隔一个$\{111\}_\gamma$面扫过而形成，然后经点阵稍加调整，即可形成ε马氏体。这个过程将产生一个纯切变，切变方向为沿$<112>_\gamma$，理想切变角为 19.47°（设相变前后原子半径不变，密排六方 hcp 相的 c/a 值为 1.6333）。ε马氏体与母相的晶体学关系为

$(111)_{fcc} // (0001)_{hcp}$　　$[11\bar{2}]_{fcc} // [1\bar{1}00]_{hcp}$　　$[1\bar{1}0]_{fcc} // [11\bar{2}0]_{hcp}$

ε 马氏体呈片状组织。因为 fcc 结构的 γ 相有四个等价的（111）面，因此 ε 马氏体可呈现四种不同的取向。通常热诱发 $\gamma \to \varepsilon$ 马氏体相变形成的 ε 马氏体呈随机分布，且相互交叉，而应力诱发形成的 ε 马氏体是沿 Schmid 因子最大的方向形成[76,77]，因而具有一定的择优取向。

$\gamma \to \varepsilon$ 马氏体逆相变过程中同样对应着 3 个等效的 $\{111\}$ 面 $\frac{a}{6}<112>$ 滑移系，则即使应力诱发 $\gamma \to \varepsilon$ 马氏体相变为单一不全位错切变所完成，单变体马氏体的逆相变也有可能按自协作模式发生，因此不能保证晶体学的可逆性。

热诱发形成的 ε 马氏体，如图 1.14（a）所示，在 $(111)_\gamma$ 面上有三种类型的 Shockley 不全位错，每个不全位错均可沿每隔一层 $\{111\}_\gamma$ 面的运动完成 $\gamma \to \varepsilon$ 的转变。如图 1.14（b）～（d）所示，不全位错以特定方式交替滑移，使各个变体的形状应变相互抵消，净宏观形状变化接近零，呈现自协作现象，即自协作模式相变。不同 ε 马氏体带（不同 $\{111\}_\gamma$ 面）之间也呈现自协作，当两个 ε 马氏体交叉时，在交界处形成第二变体，协调交界区域的应变状态。

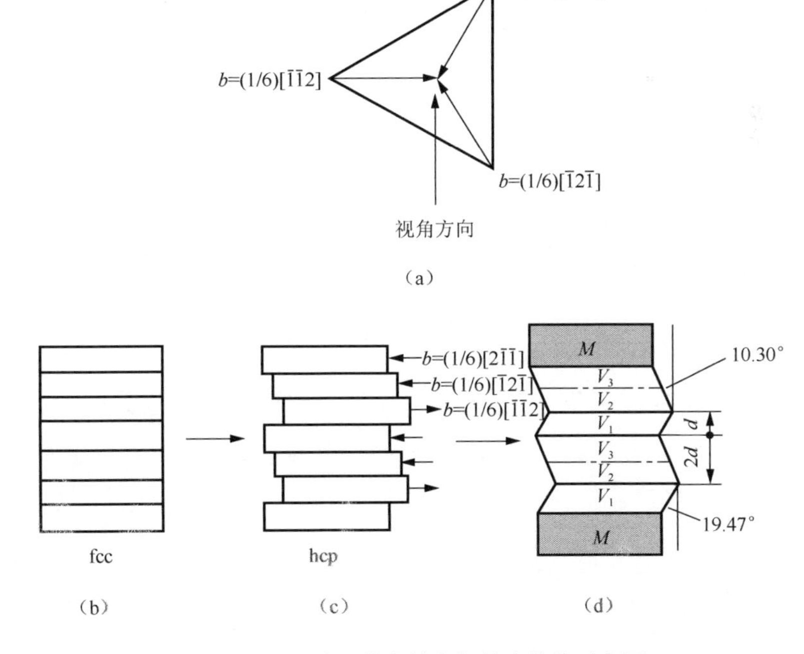

图 1.14　ε 马氏体变体之间的自协作示意图

在 Fe-13.7%Mn-6%Si-8.3%Cr-4.9%Ni 合金中的研究发现：合金中除形成上述 $(111)_{fcc}$ // $(0001)_{hcp}$ 的密排六方 hcp 马氏体外，还存在 $(0001)_{hcp}$ 面与基面 $\{111\}_\gamma$ 互成 19.5°、31.5°、51° 及 90° 等取向的密排六方 hcp 马氏体，被称为二次变体。二次 ε 马氏体是由不同 $\{111\}_\gamma$ 惯习面上的一次马氏体变体相互碰撞后形成的。因此，均出现在两个不同的 $\{111\}_\gamma$ 惯习面上的马氏体片相交处。在变形量较大的试样中，除存在二次变体外，还可观察到三次甚至四次马氏体变体。

图 1.15 为变形时单变体择优增殖示意图。当应力作用于单相奥氏体时，应力诱发 $\gamma\rightarrow\varepsilon$ 马氏体转变通常是通过单一类型的 Shockley 不全位错的择优运动，引起单变体的择优生长完成的。当母相奥氏体中存在热诱发 ε 马氏体时，这种单变体的择优增殖就变得复杂多了，一般分三个过程：

（1）择优变体在残余母相中单独形核长大。

（2）ε 马氏体带内三个变体沿同一基面切变运动，聚合成一个择优变体。

（3）择优变体扩展到另一个 ε 马氏体带内，在交界处留下第二变体。

因此，择优单变体是通过 ε 马氏体带内变体的聚合和不同 ε 马氏体带交界处第二变体的再取向等方式吞并其他变体而长大的。

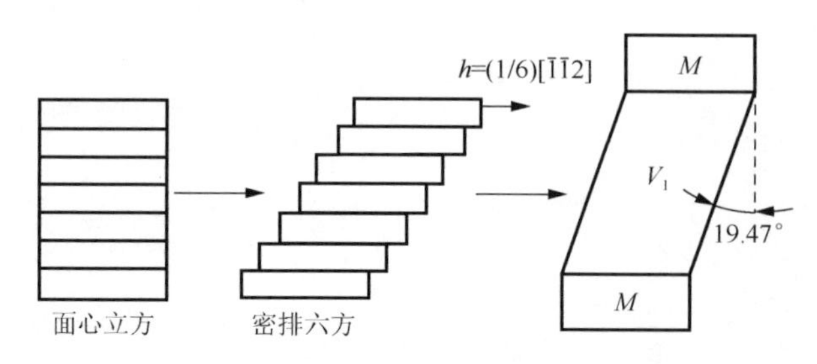

图 1.15　变形时单变体择优增殖示意图

众所周知，Ni-Ti 基形状记忆合金和 Cu 基形状记忆合金是通过马氏体再取向而产生形状记忆效应的，而在 Fe-Mn-Si 形状记忆合金中，由于马氏体不能完全转变，不同 $\{111\}_\gamma$ 面上的马氏体间不存在自协作形态，因而只有极少取向的热马氏体在外力作用下继续生长，或是通过吞并相邻其他位向的马氏体生长，而绝大部分的热马氏体在外加应力作用下发生塑性变形。因而 Fe-Mn-Si 形状记忆合金产生形状记忆效应的机制与因热诱发ε马氏体相变而产生形状记忆效应的 Ni-Ti 基和 Cu 基形状记忆合金的机制有着本质的不同。

在外加应力下，ε马氏体通过 Shockley 不全位错沿$\{111\}_\gamma$面上的<112>方向扩展而长大，当温度加热到A_s以上，由于残余应力的存在使得 Shockley 不全位错能进行逆向运动（合金的层错宽度随温度的升高而减小，Shockley 不全位错将沿反方向运动），其形状也恢复到初始状态，从而产生了形状记忆效应。由于 Fe-Mn-Si 形状记忆合金的马氏体相变属于半热弹性马氏体相变，具有独特的晶体学特征。一般认为，只有热弹性马氏体才有自协作效应，但 Yang 等[76，77]对 Fe-14.7%Mn-6%Si-8.3%Cr-4.7%Ni 合金的显微组织进行分析后指出，ε马氏体变体也呈现自协作效应。

1.4.3 Fe-Mn-Si 形状记忆合金的应力诱发ε马氏体形态和生长过程

应力作用于单相奥氏体时，应力诱发$\gamma\rightarrow\varepsilon$马氏体转变通常是通过单一取向的 Shockley 不全位错的择优运动，形成单变体的择优生长完成的。随着外应力的增大，应力诱发ε马氏体的变化具有以下特点：

（1）应力诱发ε马氏体分布状态由定向分布转化为交叉分布[25,78]。

（2）应力诱发ε马氏体的交互作用。一方面在ε马氏体交叉处诱发出α'马氏体[79，80]；另一方面，在交叉处由于交互作用应力场的产生，使得应力诱发ε马氏体取向发生扭曲或诱发出二次ε马氏体变体[78，81]等。

（3）当拉应力很大时，应力诱发的ε马氏体与母相γ的塑性变形共存[82]。

由于应力诱发$\gamma\rightarrow\varepsilon$马氏体逆相变直接受应力诱发的$\varepsilon$马氏体的生长过程影响，从而影响了形状记忆效应，因此 Fe-Mn-Si 形状记忆合金应力诱发ε马氏体的生长过程一直是国内外学者研究的热点。刘庆锁等[83]认为在应变小于 3%的低应力水平下，形成的ε马氏体为单变体薄片，其厚度小于 10nm；而当应变超过 3%的较高应力水平下，形成了长尺寸的ε马氏体，其组成结构特点是单变体薄片马氏体单元沿长度方向排列。而宽大ε马氏体内部组成结构状态的复杂性与这种单变体薄片单元的排列组合有关。

Kikuch 等[84]详细观察了 Fe-14%Mn-6%Si-8%Cr-5%Ni 合金的应力诱发ε马氏体的动态形成过程时发现：在变形初期ε马氏体以厚 1～2nm 的薄片形成；而后随着变形的进行ε马氏体小薄片聚集成较厚的ε马氏体，其厚度可达 20～130nm；最后较厚的ε马氏体呈重叠形态，在ε马氏体薄片间留有面心立方相。

乔志霞等[85]用同样的方法研究 Fe-25%Mn-4.5%Si-1%Cr-2%Ni 合金时发现，随着预变形量的增加，在原ε马氏体薄片之间的γ基体上会诱发出新的ε马氏体，与原ε马氏体片相互平行。新旧ε马氏体薄片都会随相变驱动力的增大而增厚，进而相互合并形成宽的ε马氏体带。

大量的试验观察证实，ε马氏体具有亚层错结构，ε马氏体由层错直接形核，借助外力使层错扩展，从而长大。然而至今，关于母相γ中层错的分布状态对应力诱发ε马氏体形态及其逆相变机制的影响尚不清楚。Kajiwara[86]认为ε马氏体中层错的产生可能是由于其周围母相对ε马氏体的约束。乔志霞等[87]用透射电镜观察了 Fe-25%Mn-4.5%Si-1%Cr-2%Ni 合金中应力诱发ε马氏体的亚结构，发现γ夹层和层错是其主要特征，并据此就应力诱发ε马氏体的形成长大机制提出新的观点，即ε马氏体相形成时首先在层错和γ夹层处多位置形核，然后以ε马氏体单元层长度方向彼此相接、宽度方向相互合并的方式长大。进一步研究发现，若干ε马氏体单元层沿纵向连接而形成单片状ε马氏体，由若干ε马氏体薄片沿宽度方向彼此合并形成多层状ε马氏体，这是随应力诱发相变程度的不同，ε马氏体存在的两种不同形态。这两种形态的ε马氏体逆相变特征也不相同，单片状ε马氏体在逆相变时具有较好的晶体学可逆性，有利于形状记忆效应，而多层状ε马氏体由于受到层间界面的制约，逆相变后残留下较多的晶体缺陷，对合金的形状恢复不利。

1.4.4 Fe-Mn-Si 形状记忆合金的应力诱发马氏体的ε逆相变

Fe-Mn-Si 形状记忆合金中$\gamma \rightarrow \varepsilon$的逆相变是通过三个具有等价切变方向的 Shockley 不全位错以类似正相变的方式运动来实现的。应当强调指出，只有当正相变时运动的不全位错在逆相变时沿反向运动，ε马氏体相变的应变才可完全恢复。

王小祥等[88]利用电镜观察发现较低温度下拉伸获得的应力诱发ε马氏体其界面平直清晰，交叉时通常不穿越，呈现较好的形状记忆效应；而在较高温度下拉伸获得的应力诱发ε马氏体其界面不甚清晰，通常有间断不连续现象，并且相交时易于穿越，呈现较低的形状记忆效应。在某一区域内通过应力诱发只存在单一取向或取向占优的ε马氏体，减少了不同取向和不同区域马氏体间的碰撞，呈现良好的形状记忆效应[89, 90]。

Eui 等[91]发现在退火过程中细的未交叉的马氏体片容易消失，而粗大的ε马氏体不会完全消失，会残留层错和位错缠结，这是由于滑移变形时ε马氏体诱发出塑性变形所致。Peng 等[92]用电镜观察到在退火过程中大部分的应力诱发ε马氏体逆相变为奥氏体，只有少数ε马氏体片分解成堆垛层错而不逆转变为γ奥氏体。实验证明，应力诱发ε马氏体片越薄，逆相变越容易发生，恢复温度也就越低。

Inagaki 等[93]原位观察变形4%的Fe-14%Mn-6%Si-9%Cr-6%Ni合金的$\varepsilon \rightarrow \gamma$逆相变时发现，在退火过程中由堆垛层错重叠形成的$\varepsilon$马氏体通过层错一层层的消失而分解。堆垛层错的一端和晶界或ε马氏体相连，是不可动的；另一端的Shockley不全位错移向固定一端，当它们到达形核的晶界或ε马氏体处，层错就消失了。对两端都自由的层错，在退火时聚集为全位错，最后消失在晶界或ε马氏体的界面。

在Fe-Mn-Si形状记忆合金中，逆相变是通过一种相变位错的可逆运动来进行的，而这种相变位错的可逆运动已被A_f温度以上加热时ε马氏体表面浮突观察所证实。许伟长[94]对不同尺寸的应力诱发ε马氏体的表面浮突进行观测时也发现，随着温度的升高，ε马氏体尺寸在缩小，而在垂直于试样表面的高度起伏曲线中所有ε马氏体对应的切变线上并没有出现锯齿线。这说明ε马氏体逆相变并不是发生在ε马氏体内部的层错缺陷处，而是发生在γ/ε界面上，其逆相变的过程是γ/ε间界面向ε马氏体内部推移的过程。对于单片状的ε马氏体，逆相变是从晶粒内基元间的交接处向两端发展。这种机制可以保证晶体学上的完全可逆，使合金呈现良好的形状记忆效应[95]。

此外，应力诱发ε马氏体逆相变起始温度A_s往往低于热诱发ε马氏体的A_s温度，这是由于应力诱发的ε马氏体一般为单一变体，自协作较差且具有较高的应变能所致。

1.4.5 约束状态下 Fe-Mn-Si 形状记忆合金的形状记忆机制

Fe-Mn-Si 形状记忆合金的形状记忆效应源于应力诱发ε马氏体相变及其逆相变。Fe-Mn-Si 形状记忆合金的变形由相变诱发变形和塑性变形组成。相变诱发变形时，外力所做的功大部分作为弹性能而被储存在合金中，加热时这些弹性能又被释放出来，在合金被约束的条件下，则表现为恢复应力。塑性变形是由全位错滑移产生的，是不可恢复的，外力所做的功大部分以热的形式存在，只有少量以畸变能的形式储存在合金中，逆相变时以热的形式释放，对形状记忆效应无贡献。目前，国内外学者对 Fe-Mn-Si 形状记忆合金无约束下的形状记忆效应研究较多，而对合金约束下的形状记忆效应的研究却很少。

图 1.16 给出了形状记忆合金加热和冷却过程中恢复应力随温度变化的曲线。合金经过预变形，产生一定数量的应力诱发ε马氏体。试样在约束加热过程中，ε马氏体产生恢复逆相变，试样产生收缩，由于被约束因此产生恢复应力，且随着加热温度的升高，恢复应力升高。但是，加热过程中由于存在热膨胀，因此恢复应力在一定程度上被松弛。随着加热温度升高，应力诱发ε马氏体转变逐渐完成，而此时热膨胀造成的恢复应力降低持续增加，因此恢复应力出现降低。加热过程中存在一个恢复应力的最大值，称之为平台恢复应力（σ_f）。试样加热到可逆马氏体基本转变完毕后冷却，冷却引起试样收缩，因此再次产生应力。冷却初期，恢复应力增加与温度降低存在线性关系。温度降低到一定程度，恢复应力增加与温度降低偏离线性关系，应力增加值低于线性值。恢复应力在一定温度达到最大值，称为最大恢复应力（σ_m）。温度冷却到室温时的恢复应力称为室温恢复应力（σ_r）。

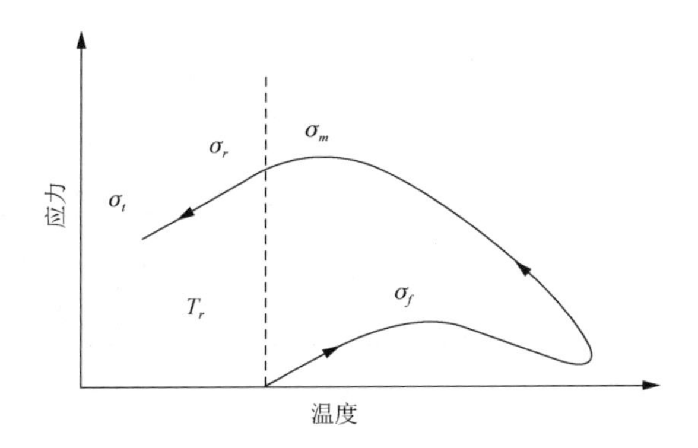

图 1.16　铁基形状记忆合金加热和冷却过程中恢复应力随温度的变化

戴品强等[96]认为 Fe-Mn-Si 形状记忆合金的恢复应力取决于合金的强度及形状恢复率，且强度是主导因素，合金强度越高，恢复应力就越大。当预变形量较小时，随预变形量的增加恢复应力急剧增大，当预变形量较大时，随预变形量增加恢复应力增大的速率减慢。Wen 等[97]研究了淬火温度对 Fe-18%Mn-5%Si-8%Cr-4%Ni 记忆合金恢复应力的影响，研究发现，变形后的合金加热时产生的最大恢复应力 σ_h 和加热后冷却至室温的恢复应力 σ_c 都随淬火温度的升高而增大，在 650℃达到最大值。

文玉华等[98]对约束下加热后 Fe-Mn-Si-Cr-Ni 基形状记忆合金的恢复应力进行了系统的研究，并建立了相应的数学模型：

$$\sigma_r = E(\gamma)(\varepsilon_r^{T_{\max}} - \varepsilon_P^{T,\sigma_\eta} - \varepsilon_{\gamma\to\varepsilon}^{T,\sigma_\tau}) \tag{1.10}$$

式中，$\varepsilon_r^{T_{\max}}$ ——约束加热后记忆合金的可恢复变形量；

$\varepsilon_P^{T,\sigma_\eta}$ ——约束加热后冷却到室温的过程中因恢复应力导致的塑性变形量；

$\varepsilon_{\gamma\to\varepsilon}^{T,\sigma_\tau}$ ——二次应力诱发 ε 马氏体相变的变形量。

式（1.10）为约束加热后冷却至室温时 Fe-Mn-Si-Cr-Ni 形状记忆合金恢复应力 σ_r 的方程。可见约束加热后冷却到室温时恢复应力的大小取决于：①加热后变形得到恢复的部分 $\varepsilon_r^{T_{\max}}$；②冷却过程中因恢复应力导致的塑性变形量 $\varepsilon_P^{T,\sigma_\eta}$；③冷却过程中因恢复应力导致的二次应力诱发 ε 马氏体转变的相变变形量 $\varepsilon_{\gamma\to\varepsilon}^{T,\sigma_\tau}$。$\varepsilon_r^{T_{\max}}$ 越大，$\varepsilon_P^{T,\sigma_\eta}$ 和 $\varepsilon_{\gamma\to\varepsilon}^{T,\sigma_\tau}$ 越小，约束加热冷却至室温时的恢复应力越大。

随着温度的降低，应力诱发 ε 马氏体所需临界应力持续降低，从而发生恢复应力导致二次应力诱发 ε 马氏体相变发生而导致的恢复应力降低的现象，被定义为低温松弛。Fe-Mn-Si 形状记忆合金的恢复应力值较低，且存在较大的低温松弛，这也是抑制 Fe-Mn-Si 形状记忆合金在实际中广泛应用的关键原因之一。

林成新等[99]认为随温度的降低，Fe-Mn-Si 形状记忆合金的低温应力松弛程度增大。合金导致 Fe-Mn-Si 形状记忆合金低温应力松弛的根本原因是：在恢复力（约束力）的作用下发生应力诱发 ε 和 α' 马氏体相变，且应力诱发 ε 和 α' 马氏体数量越多，合金的松弛程度就越大。杨军等[100，101]认为经热循环处理的合金的低温应力松弛率比未经热循环处理的合金提高约 3%，但随着温度的降低，低温应力松弛率的提高幅度逐渐降低；导致合金低温应力松弛率增大的原因，是恢复应力的增加为应力诱发 ε 马氏体相变提供了较大的机械驱动力，以及应力诱发 ε 马氏体的临界应力的降低。Lin 等[102]对 Fe-30%Mn-6%Si-5%Cr 合金进行恒应力约束加载循环研究时发现，松弛程度随初始载荷的增加而减小；在循环初期应力松弛现象明显，随着循环次数的增加，松弛值逐渐趋于稳定；并指出应力诱发 ε 马氏体薄片的重新结合与排列是导致应力松弛现象的根本原因。

1.5 影响 Fe-Mn-Si 形状记忆合金形状记忆效应的因素

Fe-Mn-Si 形状记忆合金在外力作用下可通过两种方式发生变形，即应力诱发 $\gamma \to \varepsilon$ 马氏体相变引起的晶格变形和滑移塑性变形，这两种变形方式之间的竞争决定了合金的形状记忆行为。因此，获得完全形状记忆效应的必要条件有两个[26]：第一，变形只由应力诱发 ε 马氏体相变引起，而无滑移塑性变形；第二，马氏体逆相变时晶体学的完全可逆性，即产生 $\gamma \to \varepsilon$ 马氏体相变的 Shockley 不全位错的完全逆向运动。

一般认为，呈现良好形状记忆效应的 Fe-Mn-Si 形状记忆合金应具备以下四个条件。

（1）母相为单一的奥氏体，且奥氏体内存在一定数量的层错。

（2）在应力诱发 $\gamma \to \varepsilon$ 马氏体相变过程中，较高的母相强度可以抑制应力诱发马氏体相变过程中滑移变形的产生，保证 Shockly 不全位错的可逆运动，从而导致密排六方（hcp）相的长大和缩小。

（3）在应力诱发$\gamma \to \varepsilon$马氏体相变过程中，较低的层错能可以保证应力诱发相变阻力较低。

（4）较低的铁磁-反铁磁转变温度（T_N），可以消除奥氏体的磁稳定化对应力诱发$\gamma \to \varepsilon$马氏体相变的阻碍。

1.5.1 预变形温度对形状记忆效应的影响

Fe-Mn-Si 形状记忆合金是依靠层错的扩展和收缩发生$\gamma \to \varepsilon$相变及其逆相变来实现的。一般认为，当M_s稍高于室温时，机械驱动力等于 Shockley 不全位错宽度与奥氏体层错能之比，所需机械驱动力较小，容易发生$\gamma \to \varepsilon$马氏体相变及其逆相变，有利于形状记忆效应的提高。Wang 等[103]通过研究 Fe-28%Mn-6%Si-5%Cr 和 Fe-13%Mn-5%Si-12%Cr-6%Ni 合金在不同温度下变形 4%对逆相变和形状记忆效应的影响，发现在M_s附近温度变形，其形状记忆效应最佳。由这个结果不难预测，在M_s点以上变形，诱发ε马氏体所需的驱动力随温度的升高而增大；在M_s点以下变形，温度越低，不同变体的热诱发ε马氏体量越多，对合金的形状记忆效应不利，因此在M_s点附近发生变形能够得到较好的形状记忆效应。目前就奥氏体晶粒大小对M_s温度是否有影响观点仍不一致，Jiang 等[104]认为由于铁基形状记忆合金层错能低，而奥氏体的晶粒大小对M_s温度的影响不显著，所以马氏体的形核主要在层错而非晶界处。而许伟长等[105]则认为奥氏体的晶粒尺寸对M_s点有重要影响，800℃以上加热淬火，Fe-Mn-Si-C 合金的奥氏体晶粒明显长大，M_s点升高，热诱发ε马氏体数量增加。

目前，提高M_s点的方法很多。李宁等[106]发现，与固溶态相比，时效明显可以提高合金的M_s点，直接时效的合金M_s点随着时效时间的延长而升高，时效 300min 后，M_s点从固溶态的−134℃提高到−66℃，而经 10%变形时效的合金，时效 15min 后M_s点就提高到−40℃左右。由于变形温度显著影响 Fe-Mn-Si 形状记忆合金中应力诱发ε马氏体的数量和方向性，因而张伟等[107]研究了不同变形温度对Fe-13.53%Mn-4.86%Si-8.16%Cr-3.82%Ni-0.16%C 合金γ/ε界面（母相γ与诱发马氏体ε之间界面）的数量和结构及随后时效第二相析出的数量和方向性的影响，以及第二相析出的数量和方向性对马氏体相变和形状记忆效应的影响。扫描电镜分析显示，变形温度远高于M_s时，无γ/ε界面产生，时效后第二相析出少；变形温度接近M_s时，产生大量γ/ε界面，时效后析出第二相数量很多，且方向性良好；变形温度进一步接近M_s时，γ/ε界面交叉，导致时效后方向性的第二相也交叉。

1.5.2 预变形量对形状记忆效应的影响

关于预变形量对 Fe-Mn-Si 形状记忆合金形状记忆效应的影响，一般认为，随预变形量增加，形状恢复率降低，主要原因是随着预变形量的增加，不可逆的位错滑移增多。

当预变形量较小时，奥氏体中的层错沿最易移动的滑移系扩展，应力诱发ε马氏体量少，ε马氏体呈单一位向且贯穿母相晶粒，这种形态的ε马氏体在加热恢复时层错易于收缩，具有良好的相变可逆性，因此合金具有较高的形状记忆效应。随预变形量增加，奥氏体中的多个位向层错扩展，应力诱发ε马氏体量逐渐增加，且ε马氏体间发生交叉、碰撞，并在交叉处发生塑性变形，限制了ε马氏体层错在加热恢复时产生收缩，也就是减少了能够发生层错收缩的ε马氏体相对数量，导致应力诱发ε马氏体可逆性降低。当预变形量较高时，全位错也会引起滑移的产生，导致永久塑性变形，从而形成大量晶体缺陷，因而随着预变形量的增加，合金的形状记忆效应降低[108]。

乔志霞等[85]认为随预变形量的增大，Fe-Mn-Si 形状记忆合金的可恢复应变量先增大后减小，峰值位于预变形量 5%处。在预变形量小于 8%时，应力诱发ε马氏体量随预变形量的增加而增大，随后达到饱和，而在以后的变形过程中完全依赖于塑性变形。随预变形量的逐渐增大，合金先后形成几种不同形态的ε马氏体，分别是相互平行的ε马氏体薄片、层状宽的ε马氏体带、相互交叉的ε马氏体变体，它们对形状记忆效应都有着不同的影响。Krnd[109]利用扫描电镜观察发现，随着预变形量的增加，ε马氏体片厚度逐渐增加，这可能因为在应力诱发ε马氏体相变过程中，随着预变形量的增加，已存在的ε马氏体片不断长大，同时伴随新ε马氏体片的形成。

通常，变形试样要获得完全的形状记忆效应，加热恢复温度必须在A_f以上。研究表明[110, 111]，A_s不随预变形量变化，但A_f随预变形量的增加而升高。一种解释为，大预变形量下诱发的ε马氏体量较多，有相互交叉现象，阻碍了 Shockley 不全位错的运动，逆相变中需要的化学驱动力增加，引起了A_f的升高；另一种解释是，两个ε马氏体相交，如不形成α'马氏体，则会导致非基面变形位错的产生，加热逆相变时，这些非基面位错会成为逆相变时ε马氏体基面层错的阻碍，或者说ε马氏体发生了塑性变形而稳定化了[112]。

1.5.3 试样位向对形状记忆效应的影响

形状记忆效应依赖于合金择优位向的拉伸，单晶 Fe-27%Mn-3%Si 系合金若沿<414>方向变形，应力诱发形成单变体ε马氏体，合金的形状记忆效应最好，其可恢复应变达 9%；若沿<001>方向拉伸变形，合金中会产生多个方向的应力诱发ε马氏体，可逆应变量显著降低，合金的形状记忆效应严重恶化。因为多晶 Fe-Mn-Si 形状记忆合金的晶粒是随机取向的，所以试样位向对合金的形状记忆效应没有影响。

Eui 等[113]从晶体学角度研究了 Fe-Mn-Si-Cr 合金在拉伸变形过程中微观组织的变化，发现经过拉伸变形后，沿<101>方向晶粒中的ε马氏体形成率高于<100>、<111>方向，且拉伸试样横向的恢复应变高于纵向试样。Druker 等[114]研究了 Fe-30%Mn-4%Si 合金的组织纹理发展和形状记忆特性，发现将热轧 600℃的合金试样沿<414>方向拉伸变形，可以使纹理成分消失，有利于$\gamma \rightarrow \varepsilon$马氏体相变，而奥氏体塑性变形依然很小。

1.5.4 合金元素对形状记忆效应的影响

Si 和 Mn 是 Fe-Mn-Si 形状记忆合金中的主要元素，适当的 Si 和 Mn 含量（质量分数）是获得良好形状记忆效应的关键。Si 在 Fe-Mn-Si 形状记忆合金中能够减少奥氏体的堆垛层错能，并促进 ε 马氏体的形成[115]。由于 Si 是铁素体形成元素，容易产生 α' 马氏体，所以其质量分数不应高于 6%。若 Si 质量分数超过 6.5%，会使合金发生脆化而降低其加工性能。Si 对 M_s 温度影响不大，但 Si 强烈地降低了 T_{N} 温度，增加了 $\gamma \rightarrow \varepsilon$ 相变驱动力并降低了应力诱发 ε 马氏体所需的临界应力；而且 Si 可以强化母相，使合金在应力诱发马氏体相变过程中不易产生滑移变形，并且有利于 Shockley 不全位错的可逆运动，促进 $\varepsilon \rightarrow \gamma$ 逆相变，保证晶体学的可逆性。

Mn 元素可以降低 M_s 点，升高奈耳温度 T_{N}。合金中 Mn 质量分数小于 20%时，易产生 α' 马氏体，α' 和 ε 马氏体混合，易使原子运动不可逆，将降低合金形状恢复率。Mn 又升高奈耳温度，在奈耳温度时，γ 相由顺磁向反磁转变，在 γ 相中发生反磁有序，使 γ 相稳定化不易形成 ε 马氏体，因此合金中 Mn 的质量分数不宜超过 36%[53]，一般控制在 15%～36%为宜。

Cr、Ni 元素可以提高奥氏体基体强度，降低 T_{N} 和 M_s 温度，降低诱发 ε 马氏体所需的临界应力，容易发生应力诱发 ε 马氏体相变，有利于合金形状记忆效应，而且还可以改善合金的耐蚀性[100, 116]。Cr、Ni 元素的质量分数分别为 9%、3%时，合金的恢复性能最好。

Inagaki[117]发现 Ni 在 Fe-Mn-Si-Cr-Ni 形状记忆合金中强烈影响层错的分布，随 Ni 质量分数增加，ε 马氏体和层错的密度都降低。Ni 质量分数为 6%的合金具有最好的形状记忆效应，在这种合金中有大量短小重叠的层错，作者认为这是对 ε 马氏体有利的形核结构。另外，Cr、Ni 元素的加入可使合金的耐蚀性增强，有利于 Fe-Mn-Si 形状记忆合金的应用。

由此可知，Fe-Mn-Si 形状记忆合金的成分设计原则是保证合金 M_s 点处于 T_{N} 以上并在室温以下，保证在室温下施加应力即可诱发出大量的 ε 马氏体。合理选择 Mn、Si 含量（质量分数），适当添加 Cr、Ni 元素，调整 M_s 和 T_{N} 温度之间的关系，可以使合金在较宽的温度范围内具有良好的形状记忆效应。Otsuka 等[118]系统研究了不同成分的 Fe-Mn-Si 形状记忆合金系列，发现合金成分决定了 M_s 温度、奈耳温度及应力诱发 ε 马氏体量，进而影响合金的形状记忆效应。表 1.3 列出了不同成分 Fe-Mn-Si 形状记忆合金的可恢复应变及转变温度。

表 1.3 不同成分 Fe-Mn-Si 形状记忆合金的可恢复应变、相变温度和奈耳温度[118]

样品	合金成分（质量分数）/%				可恢复应变/%	相变温度/K		T_N
	Mn	Si	Cr	Ni		M_s	A_s	
Fe-28%Mn-6%Si	28.1	5.9	—	—	0.47	343	413	264
Fe-30%Mn-6%Si	30.5	6.2	—	—	1.08	—	391	273
Fe-32%Mn-6%Si	32.3	6.0	—	—	1.17	293	388	284
Fe-26%Mn-6%Si-5%Cr	26.0	5.9	5.0	—	0.79	299	423	230
Fe-28%Mn-6%Si-5%Cr	28.6	6.0	5.0	—	1.26	293	392	243
Fe-30%Mn-6%Si-5%Cr	30.2	5.9	4.9	—	1.25	—	363	254
Fe-25%Mn-6%Si-7%Cr	24.7	5.9	6.6	—	0.89	301	392	236
Fe-27%Mn-6%Si-7%Cr	27.0	5.9	6.8	—	1.18	—	350	243
Fe-29%Mn-6%Si-7%Cr	28.7	6.0	6.6	—	1.06	—	342	254
Fe-18%Mn-5%Si-8%Cr-5%Ni	17.5	5.1	8.5	5.5	1.11	254	370	—
Fe-20%Mn-5%Si-8%Cr-5%Ni	20.4	5.0	8.0	5.0	2.05	261	354	178
Fe-22%Mn-5%Si-8%Cr-5%Ni	22.2	4.9	8.2	5.0	1.41	256	367	—
Fe-14%Mn-6%Si-9%Cr-5%Ni	13.6	6.0	9.2	4.8	0.97	—	400	—
Fe-15%Mn-6%Si-9%Cr-5%Ni	14.7	6.0	9.2	4.9	1.11	—	389	—
Fe-16%Mn-6%Si-9%Cr-5%Ni	15.7	5.9	9.2	4.9	1.55	—	394	—
Fe-11%Mn-5%Si-12%Cr-7%Ni	11.2	4.7	11.6	6.7	1.35	266	369	—
Fe-13%Mn-5%Si-12%Cr-7%Ni	13.0	4.7	11.4	6.8	1.64	243	367	—
Fe-16%Mn-5%Si-12%Cr-7%Ni	16.0	5.0	11.6	4.9	1.45	267	382	169

近几年，通过添加其他元素降低 T_N 和 M_s 温度、提高 Fe-Mn-Si 形状记忆合金的形状记忆效应，已成为国内外学者的研究热点。C 主要通过固溶强化奥氏体基体来提高形状记忆效应，但却降低了化学均匀性，因此添加 C 元素对形状记忆效应影响不大。Wang 等[119]和 Wen 等[120]都认为，适量添加 C 作为间隙原子能够强化奥氏体，提高母相强度，并且阻止不同马氏体带间的碰撞，因此增加应力诱发 ε 马氏体的数量可以提高合金的可逆性，而过度的添加 C 元素将会使得 M_s 大大低于变形温度，不利于应力诱发马氏体相变的发生。目前合金中 C 元素质量分数的加入量均小于 0.3%。

N 能提高 Fe-Mn-Si 形状记忆合金的耐腐蚀能力，对形状记忆效应的作用与 Si 相似，由于 N 的溶解度很小，作用没有 Si 明显。

Nb 是通过与合金中的 C 形成细小弥散的 NbC 沉淀来提高形状记忆效应。细小沉淀产生的弹性应力场还为应力诱发马氏体提供形核位置，并抑制马氏体长大和永久塑性变形的产生，有利于形成极薄的马氏体片，在马氏体片层尖端产生一个足够拖动马氏体薄片逆转变的恢复应力，有助于形状记忆效应的提高[121-125]。Nb 也可与合金成分中的 N 形成 NbN 来提高形状记忆效应[126]，但 Nb 单独存在时对形状记忆效应的影响不大。

V 主要是通过与合金成分中的 N 形成细小弥散的 VN 沉淀来提高形状记忆效应[127，128]，VN 的作用与 NbC 相似。

Hu 等[129]认为在 Fe-Mn-Si 形状记忆合金中添加 Cu 元素不仅不会影响合金的形状记忆效应，而且还可以显著提高合金的耐腐蚀性。Cheng 等[130]和 Shakoor 等[131]认为添加微量的 Ta、Sa 等稀土元素可以提高 ε 马氏体的 c/a 值，降低 M_s 温度，从而提高合金的形状恢复能力。因此在 Fe-Mn-Si 形状记忆合金中添加稀土元素不仅可以减少堆垛层错能，增加热诱发或应力诱发 ε 马氏体的数量，降低奥氏体 T_N 温度，强化母相强度，减少弹性极限应力，同时还可以通过固溶强化增加应变硬化指数，增加 M_s 和 A_s 温度。在单晶和混合物的铁基形状记忆合金中添加稀土的效果是一样的。

1.5.5 $\varepsilon \to \alpha'$ 和 $\gamma \to \alpha'$ 相变

在 Fe-Mn-Si 形状记忆合金中，由于成分、变形量或变形温度的不同，在应力诱发 $\gamma \to \varepsilon$ 马氏体相变过程中可能伴随发生 $\varepsilon \to \alpha'$ 或 $\gamma \to \alpha'$ 相变，这已被许多研究所证实[77,81,132-137]。$\varepsilon \to \alpha'$ 或 $\gamma \to \alpha'$ 相变在晶体学上是不可逆的，不呈现形状记忆效应。α' 是比较软的组织，在交叉部位形成时易使正在生长 ε 马氏体穿过预存 ε 马氏体（称作“窗口效应”），破坏形状记忆效应所需的简单结构。

Yang 等[132]认为，较大的应力诱发相变时 ε 马氏体间的相交作用生成 α' 马氏体，即发生 $\varepsilon \to \alpha'$ 相变。Gu 等[133]已经证明，Fe-Mn-Si 形状记忆合金在变形时，$\gamma \to \varepsilon$ 和 $\gamma \to \varepsilon \to \alpha'$ 相变同时存在，且变形量越大，$\gamma \to \varepsilon \to \alpha'$ 相变越丰富。关于不同 ε 马氏体相交，Yang 等[77,81]做了系统的研究，他们发现两个剪切交叉时，

除了阻止位错运动和应变硬化外，还有其他特点：①若两个剪切互为共轭，则生成次生ε变体，这种过程作为ε变体重取向机制，也是一种可逆过程。他们利用硬球模型和极图分析各种次生变体的取向关系，并得到验证。②如果两个剪切不共轭，但其组合符合面心立方 fcc→体心立方 bcc 相变剪切，就会生成α'马氏体。Fujita 等[134]发现，在层错能不是很低的 Fe-Cr-Ni 合金中可直接诱发$\gamma \rightarrow \alpha'$相变，但是目前关于在 Fe-Mn-Si 形状记忆合金中应力直接诱发$\gamma \rightarrow \alpha'$马氏体相变的证据还不足。

由于α'马氏体的不可逆性，Fe-Mn-Si 形状记忆合金中α'马氏体的形成是获得较大形状记忆效应的障碍[132]。为此，Otsuka 等[24]在 Fe-Mn-Si 形状记忆合金中使 Mn 的含量（原子百分比）超过 17%，并添加 Ni 元素以稳定奥氏体来防止合金在冷却和变形过程中形成α'马氏体。Gu 等[133,135]发现，变形量对 Fe-Mn-Si 形状记忆合金中α'马氏体的形成影响很大。Fe-16%Mn-5%Si-9%Cr-4%Ni-0.006%C 合金经过 5%的变形，α'马氏体在ε马氏体内部或交界处形核，随着变形量的增加，α'马氏体量迅速增加并伴有交叉现象。α'马氏体的逆相变温度较高，在 500℃开始转变，α'相不经ε相直接转变为γ相，且加热到 1000℃后仍有α'马氏体存在[133]。

是否少量α'马氏体存在也会阻碍$\varepsilon \rightarrow \gamma$逆相变呢？Tomota 等[136]的实验结果表明，少量α'马氏体的存在并没有成为逆相变的强烈阻碍。为了证实预存应力诱发的α'马氏体对形状记忆效应的影响，Li 等[137]利用 Fe-14%Mn-5%Si-9%Cr-5%Ni 合金进行了研究，他们利用室温下拉伸然后 700℃回火的办法获得具有γ奥氏体和α'马氏体两相微观结构的试样，然后利用弯曲变形的方法测量其形状恢复率。经测试发现，具有γ奥氏体和α'马氏体两相微观结构的试样比只有单相奥氏体的试样显示出更好的形状记忆效应。他们认为，这是由于α'马氏体强化合金母相从而抑制了永久滑移变形。

1.6 提高 Fe-Mn-Si 形状记忆合金形状记忆效应的方法

一般情况下，Fe-Mn-Si 形状记忆合金的可恢复应变较低约为 2%，且有残留应变，应力诱发ε马氏体常常不能完全逆相变[138,139]。这是因为应力诱发ε马氏体相变时，当外加应力超过临界应力时，将在马氏体内、马氏体与母相的界面处或在母相内形成位错，阻碍了 Shockley 不全位错的迁动。强化母相、抑制母相塑性变形及增强马氏体相变的晶体学可逆性，是提高 Fe-Mn-Si 形状记忆合金形状记忆效应的关键，目前关于提高该合金形状记忆效应的研究就是围绕这几个方面进行的。

1.6.1 热机械循环训练

热机械循环训练（简称训练），是指合金在低于 M_d 而高于 M_s 时发生应力诱发 $\gamma \rightarrow \varepsilon$ 马氏体相变引起变形，随后加热到 A_f 以上发生 ε 马氏体转变到 γ 奥氏体并伴随变形恢复的循环处理，即应力诱发 ε 马氏体相变及其逆相变过程的重复。随着训练次数增加，应力诱发 ε 马氏体会呈区域化形式，即 ε 马氏体在晶粒内呈某一种或几种择优取向，有效地抑制了不同惯习面上 ε 马氏体的交叉，有利于应力诱发 ε 马氏体的逆转变，提高合金的形状记忆效应。但过多的训练会导致永久应变的增加，阻碍了形状记忆效应的提高，所以当训练次数进一步增加时，形状记忆效应趋于稳定甚至降低。

热机械循环训练提高 Fe-Mn-Si 形状记忆合金形状记忆效应是由 Otsuka 等[140]首次报道的，他们将 Fe-32%Mn-6%Si 合金在室温下变形 2.5%并加热至 600℃，如此往复循环数次，合金的形状记忆效应显著提高。随后众多研究者对不同种类的 Fe-Mn-Si 形状记忆合金实施了训练，均取得了满意的结果。Ogawa 等[31]和 Kajiwara 等[141]利用高分辨电镜发现，在 Fe-14%Mn-6%Si-9%Cr-5%Ni 合金经训练的试样中形成纳米级薄片状面心立方相和密排六方相的混合组织，呈细（1～10nm 宽）层状，而不经过训练的试样中仅存在密排六方（hcp）相。他们认为提高合金形状记忆效应的关键在于这种薄片结构的形成，因为在这种纳米级的 ε 马氏体薄片顶端，Shockley 不全位错加热时很容易逆向移动[141]。

Kajiwara[23]对 Otsuka 等的研究结果进行了总结，发现加热温度对训练效果很敏感，这意味着在训练中除了频繁的机械性能改变，即奥氏体屈服应力的提高和马氏体形成临界应力降低之外，一定还存在另一个提高形状记忆效应的因素。其结论是为了在面心立方 fcc（γ）→密排六方 hcp（ε）相变的 Fe-Mn-Si 形状记忆合金获得良好的形状记忆效应，母相奥氏体中必须含有高密度的堆垛层错，并在原始滑移系中整齐的分布。这些条件的获得，都可以由训练实现。孙盼盼等[142]认为训练后再变形时，应力诱发ε马氏体能以这些预先存在的层错为核胚形核和扩展，降低了应力诱发ε马氏体相变的临界应力；同时在一个区域内仅存在一种取向或取向占优的马氏体，减少不同取向、区域马氏体束的碰撞，因而具有良好的形状记忆效应。

既然训练可以提高 Fe-Mn-Si 形状记忆合金的形状记忆效应，那么是不是训练次数越多越好呢？Inagaki[25,30]详细研究了训练次数对 Fe-14%Mn-6%Si-9%Cr-6%Ni 合金形状记忆效应的影响，结果表明，开始时形状记忆效应随循环次数的增加而增加，但在 4 次循环以后，形状记忆效应开始下降，另外不可恢复的滑移变形也随着循环次数的增加呈抛物线增加，这可能是由于引入过多的位错所致。程晓敏等[143]对 Fe-20%Mn-5%Si-5%Cr-3%Ni 合金进行热机械循环训练时发现在 600℃左右进行中间退火，可以获得较好的形状恢复率，训练 3 次时，合金形状恢复率达到最大值。张熹等[144]在对 Fe-15%Mn-5%Si-9%Cr-5%Ni-0.5%Ti 合金进行小变形量压缩训练后发现，经过 5 次训练，预变形 3%合金可恢复应变由 1.26%上升至 1.8%，升幅为 43%。组织中残留大量不可恢复马氏体，这些马氏体呈单变体形态，残余马氏体和可恢复应变增加共同说明训练使合金中单变体马氏体数量增加。

热机械循环训练还可以提高合金的低温应力松弛率，原因有两方面：一是恢复应力的提高为应力诱发ε马氏体相变提供了大的机械驱动力，二是应力诱发ε马氏体的临界应力的降低[100]。

1.6.2 热处理工艺

众所周知，形状记忆合金对热处理工艺是十分敏感的，Fe-Mn-Si 形状记忆合金也是如此。热处理是指奥氏体的高温变形热处理，即在奥氏体稳定区 973K 附近进行变形，其效果与热机械循环训练相当。

研究发现，合金在 500～600℃恢复退火可以获得较好的形状记忆效应，600℃淬火后形状恢复率最高达 92%。在水中或油中淬火后，合金的形状记忆效应差别不大[145]。李俊良等[146]研究发现，随着固溶处理温度的升高，合金的形状恢复率先升高后降低；通过金相组织观察发现，铁基形状记忆合金的形状记忆效应一部分来源于应力诱发$\gamma \rightarrow \varepsilon$马氏体相变及其逆相变，另一部分则来源于变形过程中产生的大量单一位向的变形孪晶及其在加热时的消失或减少。

杨军等[147]发现对 Fe-Mn-Si-Cr-Ni 形状记忆合金进行深冷淬火和退火处理，不仅能细化组织，而且能有效地改善合金的形状记忆效应。刘刚等[148]认为当铸态合金在低于 1173K 退火后，δ铁素体仍为条状，变形时能使应力诱发ε马氏体以区域化的方式形成，合金具有良好的形状记忆效应；当退火温度高于 1273K 时，δ铁素体固溶于奥氏体中，体积分数减少；当温度高于 1423K 时，δ铁素体的体积分数显著增加，形态由条状演变为岛状；条状δ铁素体体积分数的减少和岛状δ铁素体的形成导致δ铁素体不能有效分割奥氏体晶粒，合金的形状记忆效应显著下降，这与 Wen 等[149]的观点一致。

1.6.3 Fe-Mn-Si 形状记忆合金母相强化及时效处理

Fe-Mn-Si 形状记忆合金形状记忆效应的本质是应力诱发$\gamma \rightarrow \varepsilon$马氏体的可逆相变，相变时塑性变形的发生是造成其记忆效应较差的一个重要原因。提高母相强度，可以有效地抑制塑性变形的发生，使变形由应力诱发$\gamma \rightarrow \varepsilon$马氏体相变承担，提高合金的形状记忆效应。

时效处理[150,151]可以在晶界和晶内弥散析出大量的沿某些特定方向的碳化物和氮化物，如 NbC、TiC 等。这些碳化物和氮化物不仅增加基体强度，减少应力诱发ε马氏体相变的临界应力，而且提高了应力诱发马氏体的可逆性。Wen 等[152]发现 Fe-13.53%Mn-4.86%Si-8.16%Cr-3.82%Ni-0.16%C 合金经过 10%～20%拉伸预变形以及 1073K 时效处理后的，其形状恢复率可以从 28%提高到 79%。这是因为变形后时效的合金试样中ε马氏体数量较多、ε马氏体片的宽度较小，应力诱发ε马氏体相变的可逆性增强[153]。叶邦斌等[154]从提高合金耐蚀性角度研究了变形时效对不同 Cr 含量的 Fe-Mn-Si-Cr-Ni-C 形状记忆合金记忆效应的影响。结果表明，经过变形时效后，Cr 含量（质量分数）为 12%的合金最佳时效时间为 300min，此时合金的形状恢复率高达 85.7%，其形状记忆效应与 Cr 含量（质量分数）为 8%的合金相当。

近年来，Wen 等[155]利用晶体缺陷或第二相先将奥氏体晶粒划分为若干小区域，变形时通过晶体缺陷或者第二相对不同区域应力诱发ε马氏体扩展进行约束作用，使应力诱发ε马氏体在某一区域内只存在单一取向或取向占优[156]，即以区域化的方式形成，减少甚至避免应力诱发ε马氏体的交叉碰撞，显著提高 Fe-Mn-Si 形状记忆合金的形状记忆效应。Zhang 等[157]在 Fe-13.53%Mn-4.86%Si-8.16%Cr-3.82%Ni-0.16%C 合金中定向析出大量的 $Cr_{23}C_6$ 碳化物将奥氏体晶粒预先进行区域性划分，变形时应力诱发ε马氏体以区域化的形式存在，阻止不同区域ε马氏体带的碰撞，提高了应力诱发ε马氏体的可逆性及其形状记忆效应。

目前，采用“免训练”提高 Fe-Mn-Si 形状记忆合金的形状记忆效应的方法层出不穷。Liu 等[158,159]分别对预变形合金进行电化学腐蚀和脉冲电流处理，使合金内析出碳化物或氮化物，从而强化奥氏体并且降低应力诱发ε马氏体的临界应力，提高形状记忆效应。Segal[160]和 Lin 等[161]提出的等通道转角挤压技术（equal channel angular pressing，ECAP），即制备块状细晶 Fe-Mn-Si 基材料，同时利用挤压过程中产生的大量晶体缺陷诱导碳化物的析出，将晶粒细化与第二相析出强化的过程结合起来，强化形状记忆合金的基体。张伟采用此项技术，将挤压态合金进行预变形后 973K 时效 150min 处理发现，晶内和晶界处析出大量碳化物，且晶粒平均尺寸减小到 10μm，合金形状恢复率达到 89.4%，比固溶态高 120%，比直接时效高 40%[162-164]。

综合上述内容，Fe-Mn-Si 形状记忆合金形状记忆效应的影响因素及提高途径可用图 1.17 来表示。

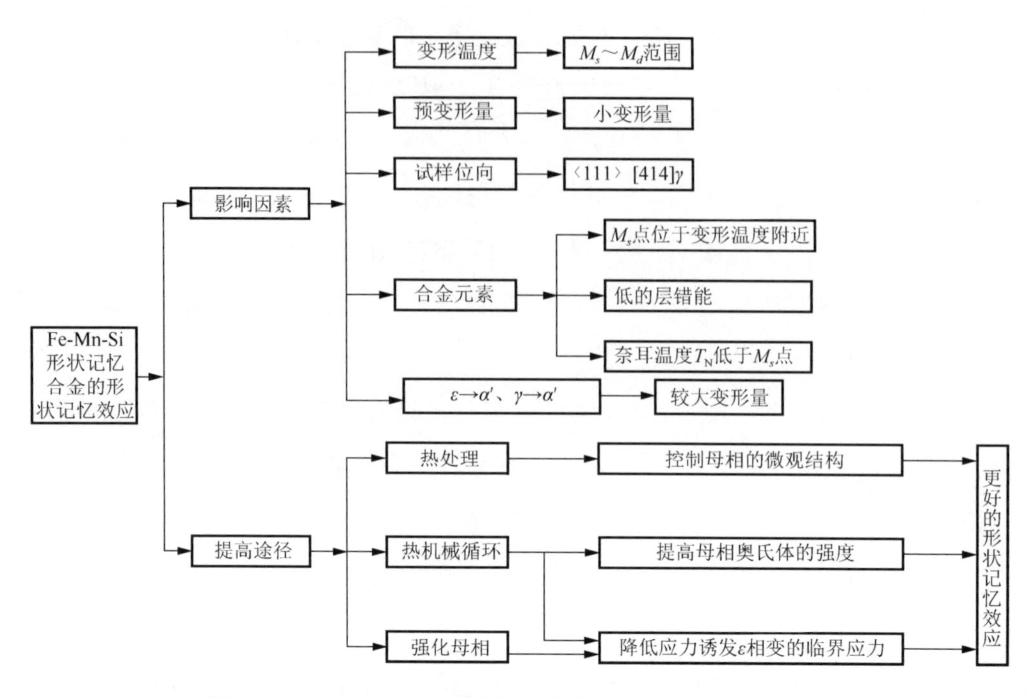

图 1.17　Fe-Mn-Si 形状合金记忆效应的影响因素及提高途径

1.7　Fe-Mn-Si 形状记忆合金的应用及发展方向

1.7.1　Fe-Mn-Si 形状记忆合金的应用

Fe-Mn-Si 形状记忆合金的形状记忆效应源于应力诱发$\gamma \rightarrow \varepsilon$马氏体相变及其逆相变，是一种单程形状记忆合金，其应用以约束恢复为主。此类形状记忆合金目前已在管道连接、形状记忆夹具、紧固件等组合部件方面开始获得应用。表 1.4 给出了几种已经开发的铁基形状记忆合金的成分、性能及应用状况[24]。

表 1.4　几种已开发的铁基形状记忆合金

记忆合金	成分主要特征	应用现状
Fe-Mn-Si	(26～32)%Mn，(4～7)%Si；M_s: (−30～40)℃； ε 马氏体，单相记忆幅度 4%； 恢复力：300MPa	开始商业化

续表

记忆合金	成分主要特征	应用现状
Fe-Mn-Si-Cr	(26～32)%Mn，(4～7)%Si，(2～5)%Cr；Cr 增加了耐腐蚀性，改善了加工性能	开始商业化
Fe-Mn-Si-Cr-Ni（-Co）	(14～32)%Mn，≤7%Si，(0～15)%Cr，(0～10)%Ni，(0～15)%Co；Ni 增加了耐腐蚀性，降低了变形抗力，改善了加工性能	开始商业化

随着社会对产品智能化的追求，形状记忆合金作为一种具有感知和驱动双重功能的智能材料得到了很大的发展。形状记忆合金的应用状况可用专利申请件数来说明，以日本为例，1984 年起，形状记忆合金的应用专利申请量每年均在 1000 件以上 [165]。形状记忆合金也涉及工业和生活的各个领域，其中以 Ni-Ti 基形状记忆合金的应用最广。Fe-Mn-Si 形状记忆合金由于存在形状恢复率低、相变滞后宽及超弹性不明显、成形加工性能差和低温应力松弛等缺点，其应用受到了限制。目前，Fe-Mn-Si 形状记忆合金主要有如下几个方面的应用。

1. Fe-Mn-Si 形状记忆合金管接头

管接头是 Fe-Mn-Si 形状记忆合金最具实用性的元件之一，其利用单程形状记忆效应收缩将管道连接起来，可代替焊接过程，操作简便，应用广泛。1988 年日本的新日铁公司就开发出了 Fe-Mn-Si 形状记忆合金管接头[41]，如图 1.18 所示。在中国，天津大学研制的 Fe-Mn-Si 形状记忆合金管接头也取得了巨大成功，并先后在中原油田、华北油田、大庆油田投入使用[166]。这种形状记忆合金连接克服了在进行传统焊接和法兰连接时由焊接应力引起的应力腐蚀和由异种金属接触引起的接触腐蚀，而且具有占用的空间小、施工操作简单、速度快和可承受的压力高等优点[9]。但也存在一定的缺点：①生产及使用比较复杂，这种管接头一般都要经过冶铸成锭、压力加工、热机械循环训练等工序；②低温时容易发生应力松弛而造成失效。Fe-Mn-Si 形状记忆合金也可用于制造三重管喷头。它是一种三重构造的套管，新日铁公司开发的三重管喷头利用形状记忆合金将陶瓷内管保持得十分牢固，这样的喷头已在炼钢厂使用[41]。

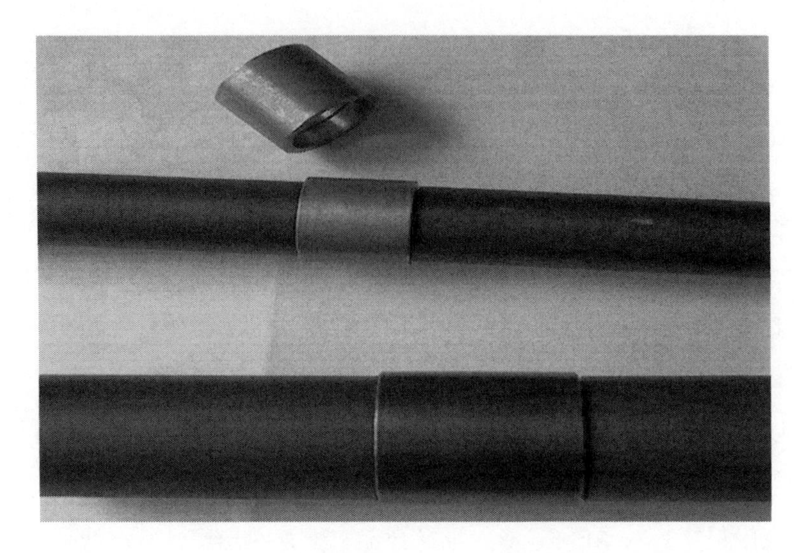

图 1.18　Fe-Mn-Si 形状记忆合金管接头

1993 年，Maruyama 等[167]将螺纹型 Fe-Mn-Si 形状记忆合金管接头用于管道连接，在内部涂上密封胶，加热使螺纹型管接头收缩，这种螺纹型形状记忆合金管接头的最大特点就是不需要费很大的扭转力就可以完成紧固，便于安装。Maruyama 等[167]还将其成功应用于隧道中，如图 1.19 所示，管接头所产生的连接力也就是伸长后管接头周围的收缩力，C 形环为管道的连接提供拉力。

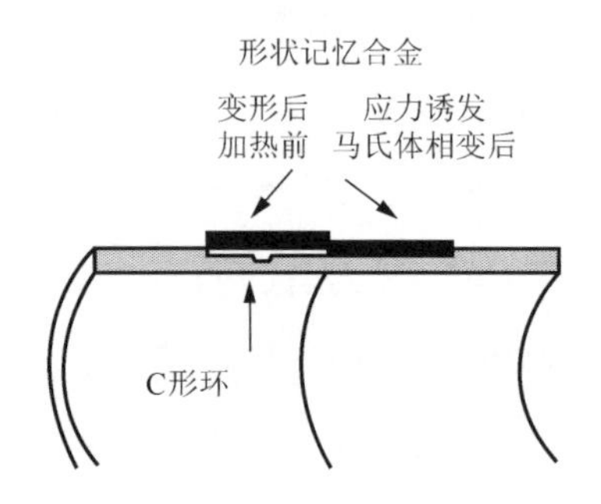

图 1.19　管接头在隧道中的应用

为了解决潜艇中“漏油”“漏水”“漏气”的三漏问题，李廷等[168]提出以 Fe-3%Mn-5%Si-17%Cr-6%Ni-19%Co 系列不锈钢形状记忆合金为材料，在铸造成型过程中运用变形加热处理的记忆训练技术制作管接头。该产品尺寸小、重量轻、密封性好、耐压范围广、耐海水腐蚀性能好，实验证明是船舶系统较为理想的管接头。

由于铁基形状记忆合金管接头具有安全、不泄漏、适于野外作业等优点，因此孟祥刚[169]把铁基形状记忆合金管接头成功地应用于大庆的三元复合驱采油技术的管道连接安装，如图 1.20 所示。该项试验填补了国内外补口技术的空白。

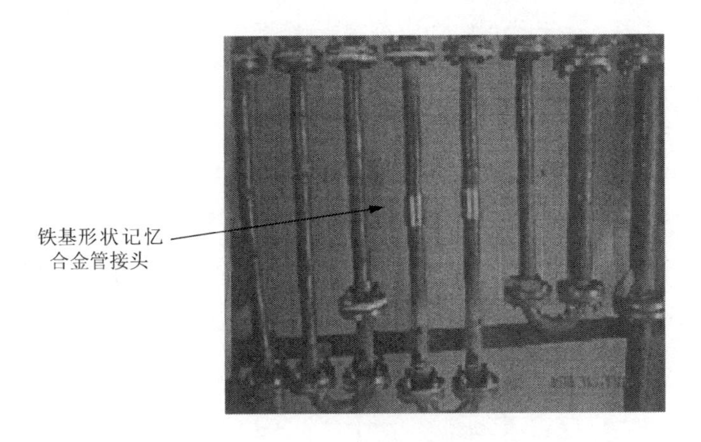

图 1.20　现场试验装置

2. Fe-Mn-Si 形状记忆合金紧固铆钉

工程中通常采用铆钉和螺栓进行紧固，但在某些场合（例如在密闭真空中）很难进行操作，而采用 Fe-Mn-Si 形状记忆合金紧固铆钉则可较容易地实现这种紧固[170]。如图 1.21 所示，铆钉尾部记忆成型为开口状，紧固前，将铆钉在干冰中冷却后把尾部拉直，插入被紧固件的孔中，温度上升产生形状恢复，铆钉尾部叉开即可实现紧固。此外，已投入实际应用的 Fe-Mn-Si 形状记忆合金连接紧固件还有薄壁管与封头的密封圈、紧固螺钉、螺母、轴承定位圈等。

Fe-Mn-Si 形状记忆合金作为紧固件、连接件，较其他材料有许多优势：①加紧力大，接触密封可靠，避免了由于焊接而产生的冶金缺陷；②适用于不易焊接的接头；③金属与塑料等不同材料可以通过这种连接件连接成一体；④安装时不需要熟练的技术，操作简单。

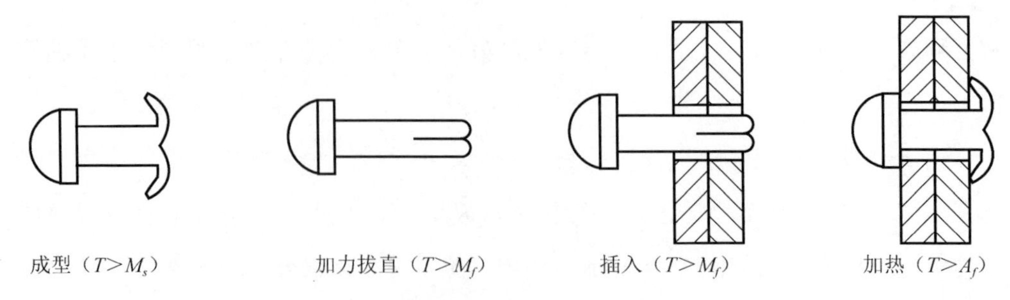

图 1.21　Fe-Mn-Si 形状记忆合金紧固铆钉示意图

3. Fe-Mn-Si 形状记忆合金螺母

Tamai 等[171,172]设计了 Fe-Mn-Si 形状记忆合金地角螺栓，并且对地角螺栓进行了足尺寸试验。研究发现这两种装置都可以使结构在发生地震后恢复到原来的形状，图 1.22 为形状记忆合金地角螺栓和普通螺栓试验后的照片。由此可以看出，形状记忆合金螺栓试验后没有残余变形，而普通螺栓却有 5mm 的残余变形。

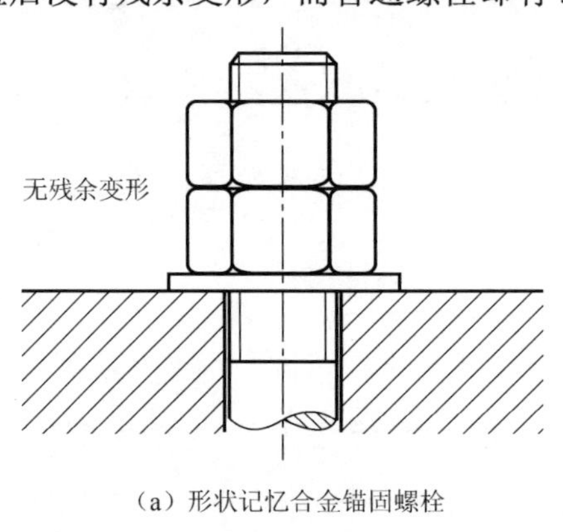

（a）形状记忆合金锚固螺栓

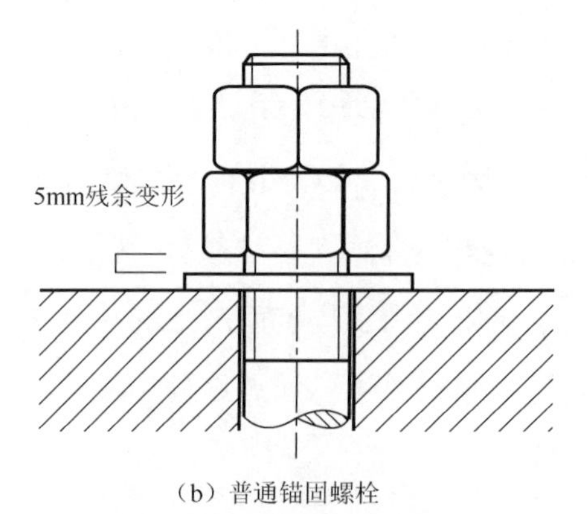

（b）普通锚固螺栓

图 1.22　试验后锚固螺栓的残余变形

李俊良等[173]将 Fe-Mn-Si 形状记忆合金制成螺母，其内螺纹加工成略小于螺栓外螺纹的尺寸，然后扩孔变形至标准螺母内螺纹的尺寸，按规定力矩拧紧后，对螺母加热，就可使螺母收缩产生径向恢复力，该恢复力可以转化为螺纹副之间的自锁摩擦力矩，防止螺旋副相对转动，进而达到防松的目的。在相同的预紧力和振动条件下，Fe-Mn-Si 形状记忆合金螺母经 200℃退火后，其动态防松寿命约为普通螺母的 5 倍[174]。

4. Fe-Mn-Si 形状记忆合金鱼尾板

Fe-Mn-Si 形状记忆合金在实际工程应用中的一项重要突破就是将鱼尾板装置用于吊车轨道连接[174]，如图 1.23 所示。连接 Fe-Mn-Si 形状记忆合金鱼尾板和吊车轨道的是四个螺栓，两侧各有两个螺栓，其中有两个负责将形状记忆合金鱼尾板所产生的恢复力传给导轨，而另两个螺栓则防止鱼尾板加热后弯曲变形。

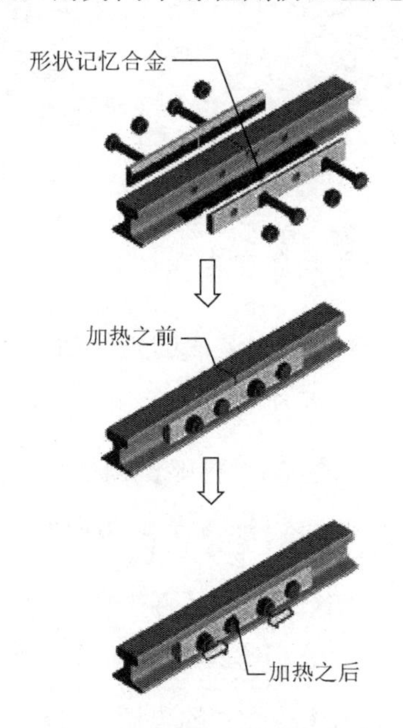

图 1.23 鱼尾板安装过程示意图

鱼尾板安装到吊车轨道上的几点要求：首先，管接头所产生的末应力级必须高于轨道所产生的应力级；其次，管接头所产生的末应力级必须低于螺栓所产生的许用应力。第一点是防止吊车进行大型工作时管接头处裂开，第二点是保证螺栓能够很好地传输和控制吊车轨道管接头处的压应力。图 1.24 是 Fe-Mn-Si-Cr 形状记忆合金鱼尾板的实物图，应用在吊车钢轨连接已经正常运行三年多，表面没有出现任何脱落或凹痕。

图 1.24　Fe-Mn-Si-Cr 形状记忆合金鱼尾板实物图

5. Fe-Mn-Si 形状记忆合金复合智能混凝土

地震和强风灾害致使建筑物倒塌造成的损失每年都在增加，建筑结构需要有更高的抗震性能。形状记忆合金具有集传感和驱动于一身的优势，能够同时实现结构的监测和控制。形状记忆合金智能混凝土结构的概念，实际上就是目前航空航天领域内形状记忆合金混杂复合材料结构在土木工程领域的自然引申和推广[175]。熊瑞生[176]提出了用形状记忆合金制作预应力混凝土和智能混凝土构件的构想。早在 20 世纪 90 年代初，日本建设省建筑研究所就曾与美国国家科学基金会合作研制了具有调整建筑结构承载能力的自调节混凝土材料[17]。Fe-Mn-Si 形状记忆合金因为温度滞后范围广、成本低，所以在建筑结构中的应用具有十分广阔的前景。

Watanabe 等[177]将 Fe-27.2%Mn-5.7%Si-5%Cr（质量分数）合金埋入纤维/石膏

智能复合材料中，利用合金在受限恢复时所产生的压应力，使石膏的机械性能得到很大的提高，这项研究也是 Fe-Mn-Si 形状记忆合金在钢筋混凝土应用方面的一项突破。

日本信州大学 Wakatsuki 等[178]将 Fe-Mn-Si 形状记忆合金纤维植入水泥基体中制成智能复合材料。它能感知到外界环境（如压力、温度）或内部状态（如微裂纹的出现）所发生的变化，然后通过材料本身的某种反馈机理，促使材料做出反应，调整其性能以适应所发生的变化。

Talahiro 等[179]将 Fe-28%Mn-6%Si-5%Cr-0.53%Nb-0.06%C（质量分数）合金埋入混凝土中，如图 1.25 所示。试件分三种：全混凝土梁、内加不锈钢混凝土梁和内加 5%预拉伸的形状记忆合金混凝土梁。利用三点式弯曲试验测试混凝土梁的机械性能。研究发现，在加载过程中，混凝土梁逐渐开裂，形状记忆合金混凝土梁的挠度和应力都比不锈钢混凝土梁和全混凝土梁大得多。卸载后，对因加载而开裂的形状记忆合金混凝土梁进行加热时发现，形状记忆合金的恢复力促使梁的挠度逐渐减小，裂缝的张开值也随之减小，最后裂缝基本闭合。

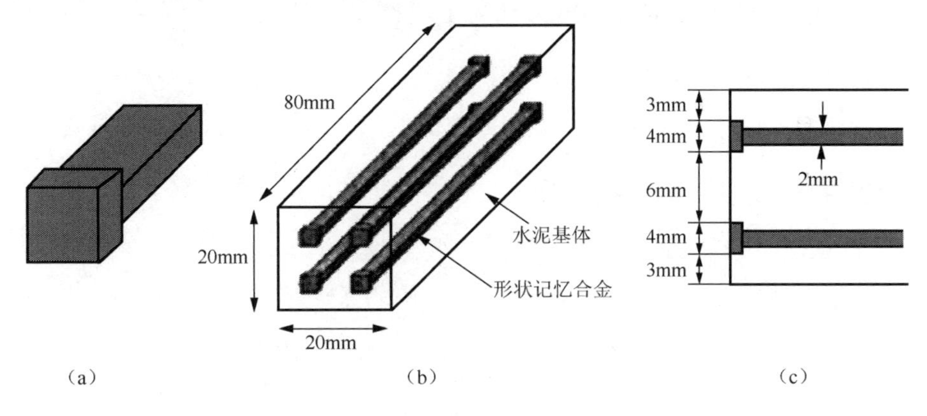

图 1.25 混凝土梁及形状记忆合金试样示意图

Fe-Mn-Si 形状记忆合金的形状记忆效应虽然不及 Ni-Ti 形状记忆合金，但其原料便宜、最适合制作一次性动作的紧固件，因此有着较大的工程使用价值，近年来受到国内外研究者的特别关注。例如，耐蚀性的提高使其在生物医疗应用上获得重大突破[180,181]。但其应用仍存在如下问题。

（1）无约束下合金的可恢复应变量小。Fe-Mn-Si 形状记忆合金的形状记忆效应相对于 Ni-Ti 基形状记忆合金和 Cu 基形状记忆合金较差。Ni-Ti 基形状记忆合金和 Cu 基形状记忆合金的可恢复变形量分别为 8%和 5%左右，而 Fe-Mn-Si 形状记忆合金一般情况下可恢复变形量只有 2%～3%。Fe-Mn-Si 形状记忆合金若预变形量大于 2%，随预应变量增大，恢复后残留应变率增大，普遍存在着形状记忆不完全性；若预变形量小于 2%，恢复后也保留有微量残留应变。Fe-Mn-Si 形状记忆合金经热机械循环训练处理后可恢复变形量也不超过 4%，合金的形状记忆效应较差，使得可恢复变形量小[182]，其形状记忆不完全性及完全恢复应变值过小是实际应用中的主要障碍。

（2）合金变形后约束加热时产生的恢复应力小及其稳定性差。恢复应力的大小及其稳定性将直接影响管接头连接的安全性和可靠性。目前学者对 Fe-Mn-Si 形状记忆合金无约束下的形状记忆效应研究较多，而对合金变形后约束加热时产生的恢复应力的大小只有少数文献进行报道。从少数公布的数据来看，Fe-Mn-Si 形状记忆合金的恢复应力一般在 150～190MPa，较 Ni-Ti 基形状记忆合金低得多，其恢复应力可达 400MPa 以上。

形状恢复来源于应力诱发 $\gamma \to \varepsilon$ 马氏体的逆转变，形状恢复程度越大（可恢复变形量越大），产生的恢复应力越大。研究结果表明，影响约束状态下应力诱发 $\gamma \to \varepsilon$ 马氏体逆转变过程的因素及机制与无约束时并不完全相同。那么，可提高 Fe-Mn-Si 形状记忆合金无约束态形状记忆效应的途径对约束态下合金产生的恢复应力又将产生什么影响？这个问题将直接影响管接头抱紧力，进而影响管接头的密封性和抗拉脱性。

（3）Fe-Mn-Si 形状记忆合金的力学性能差。Fe-Mn-Si 形状记忆合金成型加工性差，变形抗力大。该合金成形加工时还会发生应力诱发马氏体相变，使材料进一步强化，影响其成形加工性，这也是阻碍其产业化的原因之一。

（4）Fe-Mn-Si 形状记忆合金的低温松弛现象。Fe-Mn-Si 形状记忆合金管接头存在低温应力松弛现象，这是因为 Fe-Mn-Si 形状记忆合金在连接后，当环境温度低于室温后其恢复应力会产生一定量的损失。这是因为在温度降低时，合金发生应力诱发$\gamma \to \varepsilon$马氏体相变将释放逆相变时被约束的恢复应变，而导致应力松弛[53]。

（5）恢复温度高，热滞大。Fe-Mn-Si 形状记忆合金的M_s和A_s温度之差在 100K 以上。目前多数研究者在预应变后采用的恢复温度均在 300℃以上，恢复温度高，热滞大，不能应用于低温下恢复形状的元件。

（6）Fe-Mn-Si 形状记忆合金在智能混凝土工程的应用中，生产价格高，加工技术不完善。Fe-Mn-Si 形状记忆合金在智能混凝土应用方面，由于受成本价格和生产加工技术的影响，大部分研究都是采用小直径的 Fe-Mn-Si 形状记忆合金丝作为实验材料。但也仅限于对梁、板等简单构件的控制分析，将 Fe-Mn-Si 形状记忆合金应用到实际工程中的例子就更少了[183]。

1.7.2 Fe-Mn-Si 形状记忆合金的发展方向

对低层错能 Fe-Mn-Si 形状记忆合金，今后研究的主要目标仍是合金成分的优化设计，尽可能增大完全恢复应变，提高形状记忆效应的完全性。以下诸方面的研究工作是有意义的。

（1）低层错能合金奥氏体在应力作用下，通过 $a/6$<121>不全位错的运动，既可应力诱发ε马氏体，也可产生变形孪晶。近年来在高 Mn 钢和 Fe-Cr-Ni 合金中已证实室温低应变速率下变形孪晶的存在，但未研究变形孪晶的可逆性及其对形状记忆效应的贡献。变形孪晶如果可逆将是一种增大完全恢复应变的途径。

（2）目前正在研究的合金成分都不是最优化的结果。低层错能铁基形状记忆合金$\gamma \to \varepsilon$马氏体相变时无需母相奥氏体有序化，其合金元素的含量有较大的变动范围，存在着优化设计提高性能的可能性。固溶强化提高奥氏体的屈服强度对提高形状记忆效应已证明是有效的，但目前多数研究者均选用了置换固溶元素 Cr、Ni、Al、Co 等，C、N、P 等元素可能更为有效。

1.8 本章小结

材料的工作性能是由其组成成分和结构特性所决定的。尽管 Fe-Mn-Si 形状记忆合金与其他形状记忆合金相比具有强度高、塑性好、易于成形加工、价格低廉、抗拉强度和极化电位与钢铁材料相匹配、可利用传统的冶炼方法和加工设备批量生产等优点，但性能仍具有明显的差异。首先，Fe-Mn-Si 形状记忆合金有较高的逆相变温度；其次，Fe-Mn-Si 形状记忆合金不显示完全伪弹性和双程形状恢复特性；最后，该类合金对温度的变化反应缓慢，而且从逆相变开始到结束的温区较宽。因此，作者认为，将 Fe-Mn-Si 形状记忆合金用作 Ni-Ti 合金的廉价替代品是比较困难的。但是，Fe-Mn-Si 形状记忆合金具有易于加工以及造价低等特点，如果能够利用这些优点开辟新的应用领域将是非常有意义的。

第 2 章　材料制备及试验方法

2.1　合金的成分设计与冶炼

本章选用两种不同成分的 Fe-Mn-Si 形状记忆合金。一种为低 C 高 Cr、Ni 耐蚀性较好的不锈型 Fe-17%Mn-10%Cr-5%Si-4%Ni 形状记忆合金（简称 A 合金）；另一种合金为高 C 并适量添加了 V 元素的 Fe-17%Mn-2%Cr-5%Si-2%Ni-1%V 形状记忆合金（简称 B 合金），是为解决 Fe-Mn-Si 形状记忆合金的应力松弛问题而设计的，其母相强度较高、形状记忆效应较好。试验合金的化学成分见表 2.1。

表 2.1　试验合金的化学成分

编号	元素含量（质量分数）/%						
	Mn	Si	Cr	Ni	V	C	Fe
A	16.86	4.50	10.30	5.29	—	≤0.08	余量
B	17.23	4.52	2.23	2.26	1.06	0.23	余量

试验合金选用质量分数为 99%的工业纯铁（主要杂质为 C、Al 等）、质量分数为 99%电解锰、质量分数为 99%的硅、质量分数为 99%的镍、质量分数为 99.3%的电解铬和钒铁（54.69 %V、43.1 %Fe、0.36 %C、1.75 %Si、0.042 %S 和 0.058 %P），按设计的配比混合，在氩气保护下于真空 ZG-0.025 型可控硅中频感应熔炼炉冶炼，真空度为 10^{-2} Torr（1Torr=1.33322×10^{2}Pa）。熔炼时待原料溶化后，保温 30min 使成分均匀，然后在金属模中浇铸成 15 kg 的铸锭。为了消除铸锭成分的不均匀性，铸锭经 1200℃均匀化退火 24 h 后，车去表面氧化皮，切去帽口，再加热到 1100℃保温 1 h 后热锻成 ϕ40mm 圆坯和 35mm×30mm 的方坯，始锻温度为 1050℃，终锻温度不低于 900℃。

2.2 试样制备与预处理

2.2.1 拉伸停载试验的试样制备与预处理

拉伸停载试验所用试样如图 2.1 所示。试样由线切割加工而成，其有效尺寸为 28mm×4mm×1mm（长×宽×厚）。为了克服加工过程对 Fe-Mn-Si 形状记忆合金试样表面应力状态及成分造成的影响，对试样采取如下处理：先将试样表面经机械打磨减薄 0.1mm，再将试样在管式电阻炉中用氩气保护进行 1000℃的固溶处理并保温 1h，其目的主要是为了消除因切削而产生的应力诱发 ε 马氏体，最后用 $HNO_3+HCl+HF$ 溶液对试样进行轻微腐蚀以清除表面氧化物。

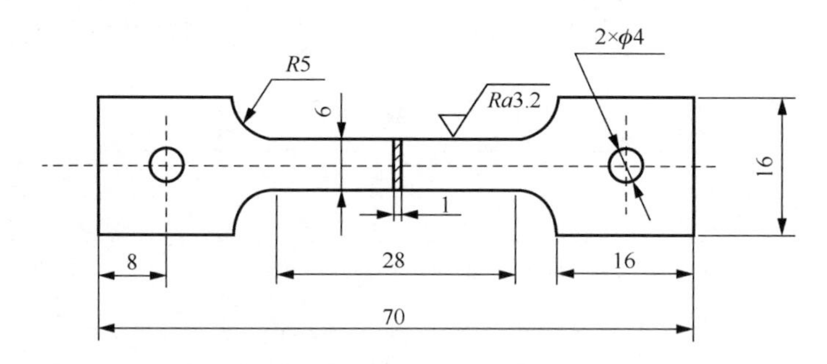

图 2.1 拉伸试样尺寸示意图

2.2.2 水泥基体约束试验的试样制备与预处理

埋入水泥梁中的 A 合金试样如图 2.2（a）所示，由线切割加工而成。为了克服线切割加工过程对合金试样表面成分及应力状态造成的影响，试样采取了如下处理：用机械打磨的办法将试样表面减薄 0.1mm 后，再将试样在管式电阻炉中用氩气保护进行 1000℃保温 1h 的固溶处理。A 合金试样在 MTS880 材料试验机上以 $1.1\times10^{-3}\ s^{-1}$ 的应变速率进行单向拉伸变形，从而得到不同预变形量的 A 合金试样。

水泥基体约束下的试验合金恢复试样制作过程如下：将 1 根预变形后的 A 合金试样放入定尺寸模具的居中位置，注入均匀混合的水泥浆（采用硅酸盐 525 号水泥，水灰比为 0.45)，注入的过程中不断振动桌面，防止水泥梁中有气孔的存在，保证水泥梁强度，静置并保持水泥表面湿润，24h 脱模后得到含试验合金试样尺寸为 40mm×30mm×320mm 的水泥基体梁，水泥梁在室温条件下自然养护 7 日、干燥 3 日后，均匀切成 2mm×2mm×30mm 的短件并加热至 50℃、100℃、200℃、250℃、300℃、350℃、400℃和 500℃并保温 1h，室温冷却后将水泥梁段中的试验合金试样取出即得水泥基体约束下的试验合金恢复试样，水泥梁尺寸如图 2.2（b）所示。

本试验采用管式电阻炉对嵌有 Fe-Mn-Si 形状记忆合金试样的水泥梁进行恢复加热处理。

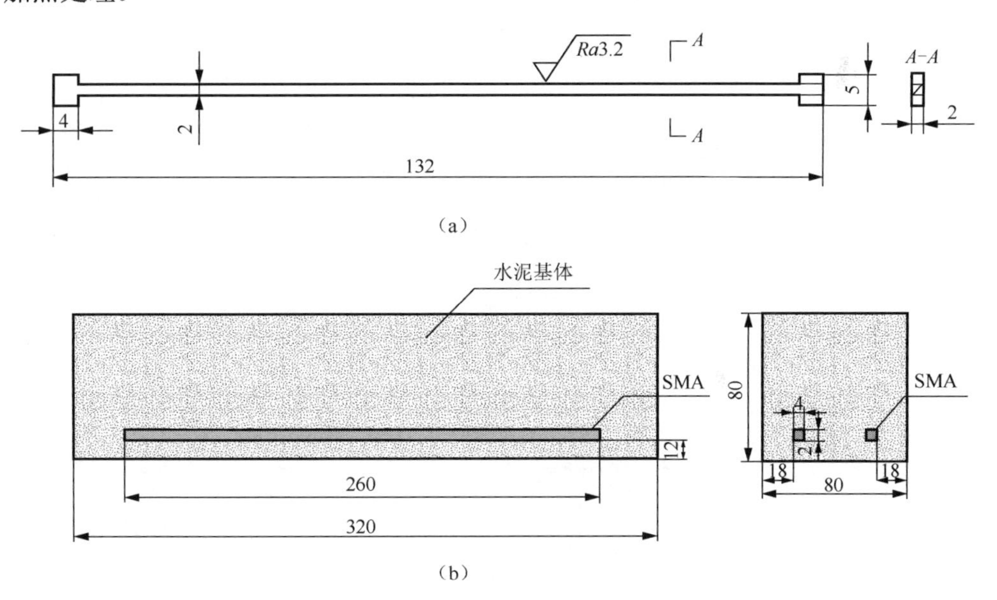

图 2.2　拉伸试样尺寸及埋入混凝土梁的 SMA 的布置

2.2.3　防松螺栓试验的试样制备与预处理

Fe-Mn-Si 形状记忆合金防松螺栓试样如图 2.3 所示。首先将 ϕ8.5 的圆形棒料车削成螺栓杆，如图 2.3（a）所示，其有效尺寸为 $\phi6.3\text{mm}\times42\text{mm}$，表面粗糙度 *Ra* 值为 1.6μm。然后在 MTS880 材料试验机上对试样进行单向拉伸预变形，应变速率为 $1.1\times10^{-3}\ \text{s}^{-1}$。

将拉伸后的试样车削螺纹，如图 2.3（b）所示。为了消除在车削过程中产生的残余应力，使 Fe-Mn-Si 形状记忆合金螺栓杆（拉伸）试样为均匀的 γ 奥氏体组织，需对试样进行固溶处理。为了防止固溶过程中试样表面被氧化，固溶前需要对试样用丙酮进行清洗并涂抹防氧化涂料。在空气中自然干燥 24h 后放入程控式电阻炉内加热到 980℃后保温 1h，断电使试样随炉冷却至室温后再打开炉门，防氧化涂层会在冷却过程中自动脱离试样，然后再进行车削螺纹和拉伸试验。为了保证防松螺栓具有较好的防松效果，避免因加工过程中产生的过量切削热导致应力诱发马氏体逆相变的发生，在切削过程中，可适当减慢切削速度，同时使用渗透性、抗黏结性和散热性好的切削液。

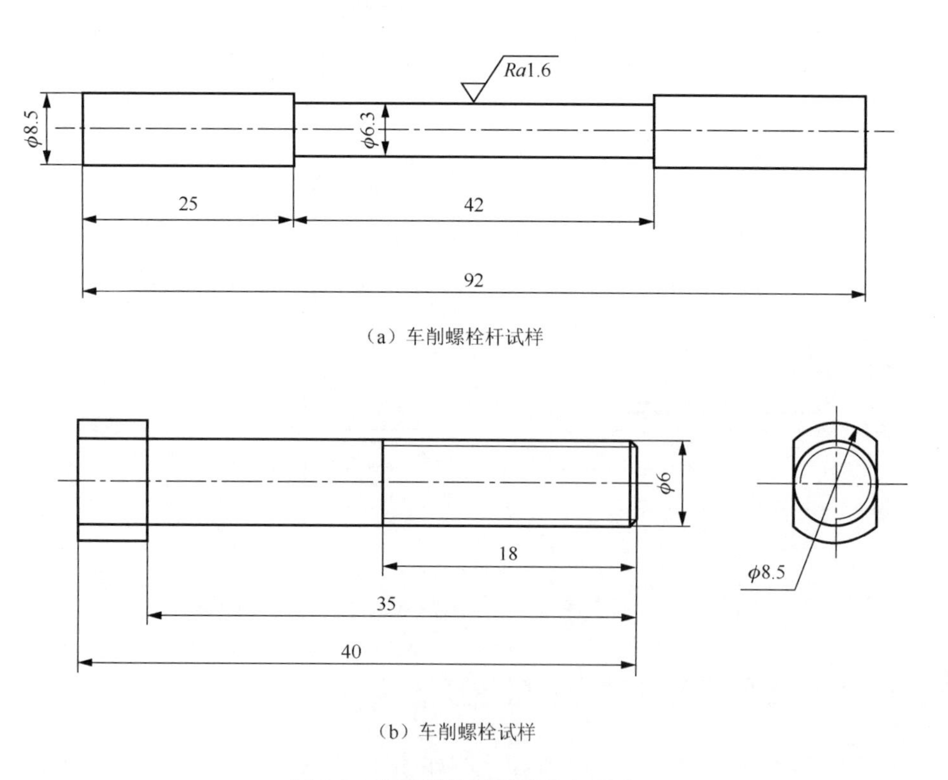

（a）车削螺栓杆试样

（b）车削螺栓试样

图 2.3　防松螺栓试样形状与尺寸

2.3　拉伸停载试验

试验在自制的拉伸试验机（图 2.4）上完成，其最大量程为 5 kN。拉力加载设备选用蜗轮蜗杆式丝杆升降机（山东德州金宇机械公司生产的 JWM 型丝杠升降机），拉伸试验机的负荷和变形测试设备是由长春试验机研究所设计制造，其中测量变形量的引申计标距为 25 mm，有效测量范围为 5 mm，测量精度为 0.001 mm。拉伸机采用手动方式加载，加载过程中可以通过数据采集仪及计算机软件同步记录加载的负荷和变形量之间的关系曲线，并以 Excel 文档的形式保存在计算机中。

为了确保试样在拉伸过程中受轴向拉力，在拉伸装置中设计制造了万向连接套筒。用螺母将套筒与轴连接，且套筒与轴之间保留一定的间隙，使套筒可以以轴为中心 360° 自由旋转。拉伸时，通过套筒与轴的间隙自动调节，可以确保试样受轴向拉力作用。

室温下按 4 种不同的试验方案对试样进行拉伸：

（1）拉伸至预变形量 5%、7%、9%后，直接卸载。

（2）拉伸至预变形量 5%、7%、9%后，保持夹头不动，停载 10min 卸载。

（3）拉伸至预变形量 5%、7%、9%后，保持夹头不动，停载 60min 卸载。

（4）拉伸至预变形量 1%后，保持夹头不动，停载 60min，继续加载至预变形量 3%后再停载 60min，如此循环拉伸至预变形量 5%、7%、9%后卸载。

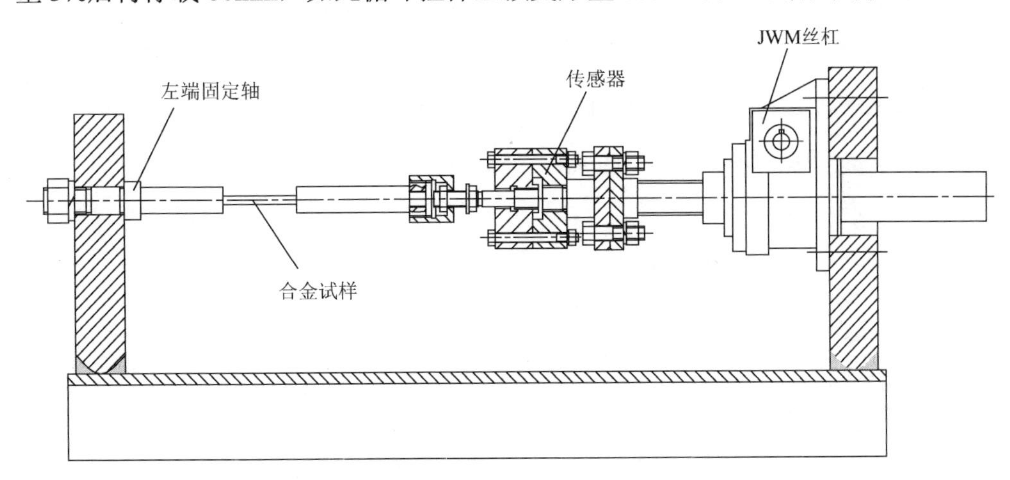

图 2.4　Fe-Mn-Si 形状记忆合金拉伸试验装置图

2.4　防松摩擦力矩的测量

综合精度及费用，本试验采用扭矩扳手控制法，依据电测法来控制预紧力及测量防松摩擦力矩，有效地解决了加载力位置对试验结果的影响。测量时先将预变形后的M6×18的螺栓安装到螺栓试验台上，然后利用贴有应变片的力矩扳手按预紧力将螺母拧紧，利用数据采集软件记录应变值，然后对试样进行加热，再利用扳手松动螺母，记录数据。

2.4.1　应变的采集

扭矩扳手与振动试验台的应变测量采用 NI Compact DAQ。NI Compact DAQ 能够非常灵活地适应测试需求的随时变化，相比于传统仪器将处理器、内存、软件和显示器封装在一个固定功能的盒子中的做法而言，NI Compact DAQ 无疑是非常方便与灵活的。NI Compact DAQ 利用了 PC 速度快、功能强和数据存储容量的优势，不用因为测试目的的变化而购买更高端的新型仪器，只需增加不同的采集模块就可以了。此外，如果希望增加测量类型或扩展通道数，只需要简单地在 NI Compact DAQ 机箱中插入附加模块即可。

NI Compact DAQ 机箱配有 NI LabVIEW SignalExpress2009 数据采集软件，此软件可以从运行 NI-DAQ mx 的多个设备采集数据、将数据记录至文件或将数据导入电子数据表。使用 USB 即插即用的数据采集和 NI LabVIEW SignalExpress2009，将 NI Compact DAQ 连接到 PC 或便携式电脑，就可以测量数据。

本试验应变 ε_1 与 ε_2 的采集应用 NI9235 应变采集模块，其输入特性如下。

通道数：8 个模拟输入通道。

1/4 桥：120Ω，$10\times10^{-6}/℃$，最大值。

ADC 分辨率：24 位。

采样率 $(f_s)-\dfrac{f_M/256}{n}$，$n=\{2,4,5,\cdots,63\}$。

全量程范围：$\pm29.4\text{mV}/\text{V}(+62500\mu\varepsilon/-55500\mu\varepsilon)$。

增益漂移：6×10^{-6} / ℃。

电压漂移：2.2 μV / V / ℃。

该模块使用 24 个可拆卸式弹簧接线端子，可提供 8 个模拟输入通道，每条通道都有独立的 24 位模数转换器和输入放大器，如图 2.5 所示。每一通道都内置一个 1/4 电桥的测量电路，其中电阻 1、2、3 为内置的120Ω 的桥电阻，电阻 4 为分流校准电阻，电阻 5 为外接应变片，如图 2.6 所示。

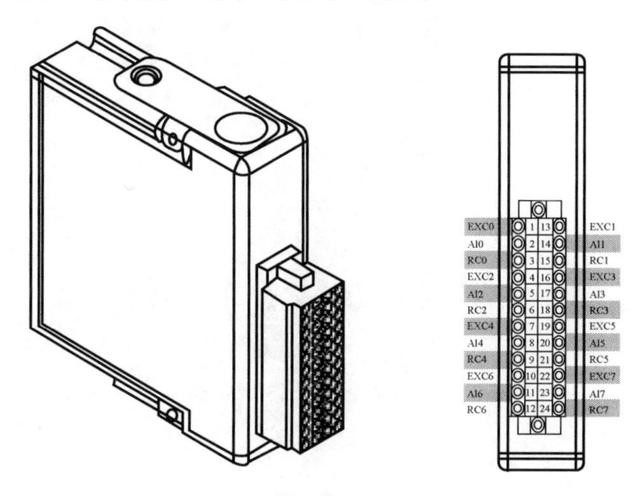

图 2.5　NI9235 应变采集模块

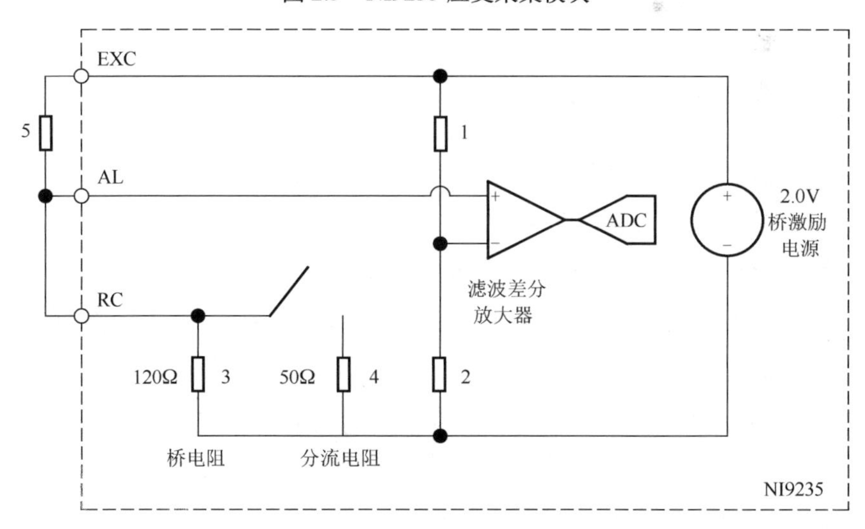

图 2.6　NI9235 应变采集模块内置 1/4 测量桥路

应变采集软件采用 NI LabVIEW SignalExpress2009，此软件可以进行实时采集，并将数据记录至文件或将数据导入电子数据表，本试验采用三次测量取平均值。图 2.7 为 NI LabVIEW SignalExpress2009 应变采集用户界面。

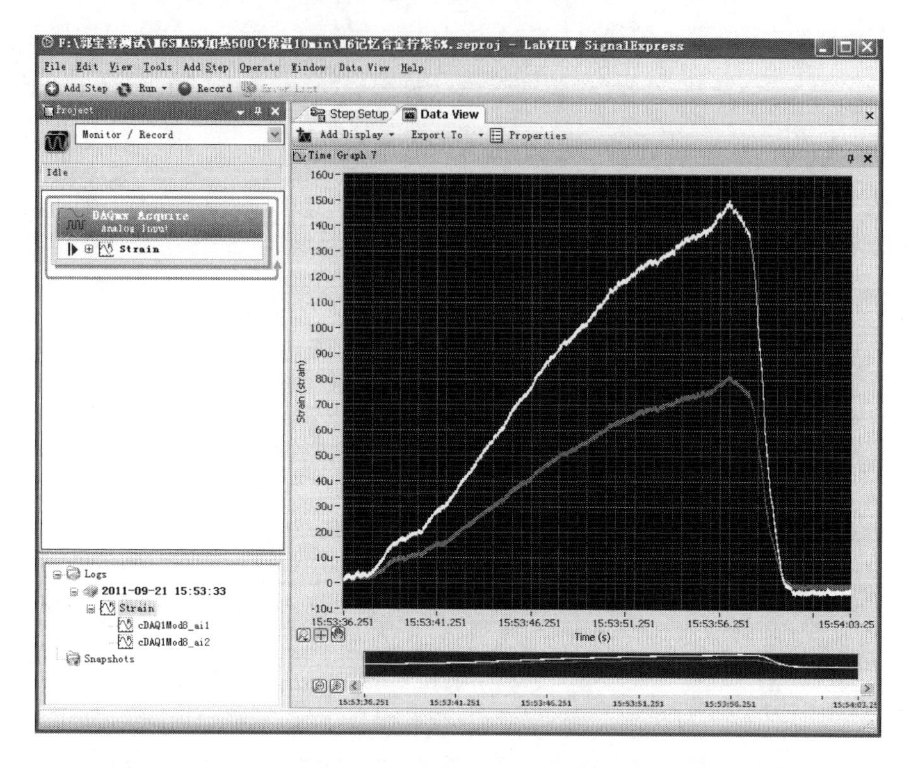

图 2.7　NI LabVIEW SignalExpress2009 应变采集用户界面

2.4.2　应变片的选择

应变片的种类可分为电阻丝式、箔式、半导体式高温、低温、温度自补偿等。在结构试验中常用的是电阻丝式应变片，其具有温度系数小、电阻系数大、应变灵敏度大、易于加工和焊接等优点。

本试验应变片采用的是电阻丝式应变片，其参数如下。

型号：BX120-2AA。

电阻：119.9±0.1 Ω 。

灵敏系数：2.08±1%。

精度等级：A。

应变式传感器属于精密的测量应变仪器，由于需要人工进行应变片的粘贴，为了尽量减小人为因素产生的误差，所以需要严格按照如下步骤进行。

（1）粘贴表面的预处理。用 240～800 号砂纸对粘贴表面进行打磨，打磨面积为应变片面积的 8～9 倍，打出与贴片方向成 45° 角的交叉条纹。

（2）表面精磨。用 1000 号砂纸正反左右方向反复打磨出网状纹路，面积约为应变片的 3～4 倍。

（3）画线定位。使用直角钢尺与划针在预计粘贴应变片的位置划出相互垂直的定位线。其中一条与焊缝纵向平行，另一条则与焊缝纵向垂直。划线完毕后使用 1000 号砂纸打磨划线部位的毛刺，直至平滑光洁。

（4）表面清洗。使用脱脂棉球蘸取丙酮进行擦洗。擦洗顺序由中心到四周，尤其注意划线凹槽内的金属粉末，直至每次用来擦拭的棉球没有变黑为止。切勿在此过程中用手触摸粘贴表面。

（5）粘贴应变片。用 502 胶水适量滴于应变片的粘贴面并迅速找准试件的表面进行粘贴。取一片玻璃纸，覆盖在应变片上，单向滚压 2～3 次后再在垂直方向上进行滚压，确保应变片与试样贴合紧密，无气泡，之后在室温下固化 24h，以待试验使用。

（6）应变片的焊接。将单股铜导线剥去末端约 7mm 的绝缘层，用酒精擦拭。将擦拭过的应变片导线与单股铜导线用锡焊焊接于接线端子上。在保证焊接强度与质量的前提下，电烙铁加热的时间越短越好，焊接点距离应变片越远越好，以免烧坏应变片的基片。

2.4.3　扭矩扳手测量系统

对于一套测量系统来说，任何误差都可能导致结果的不准确。本试验为避免或减小导线电阻对于试验结果的影响，特采用三线式的接线方法。该方法在工业热电阻中得到多半的应用，即热电阻的一端与一根导线相连接，另一端同时连接两根导线，这样就可以消除引线电阻的影响。

当热电阻与电桥配合时，三线式的优越性可由图 2.8 说明，图中热电阻的三根连接导线，直径和长度均相同，即r_1，r_2，r_3为引线电阻，阻值都是r；R_t为热电阻；R_1，R_2为两桥臂电阻，$R_1 = R_2$；R_3为调整电桥的精密电阻；M表内阻很大，故电流近似为零。当$U_A = U_B$时，电桥平衡，则$R_3 = R_t$。这样，桥臂的引线电阻r_1和r_2相当于分别串入了R_t和R_3中。工作时，电桥的不平衡电压输出只与R_t的变化量成正比，引线电阻对该电压没有影响，这样就可以消除引线电阻的影响。

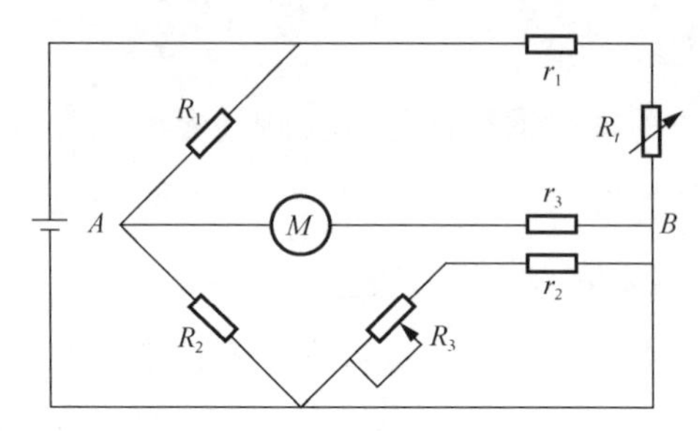

图 2.8　三线式电桥连接法电路

因此，为了获得最佳的系统精度，将 EXC 和 RC（AL）端子的连接，采用相同类型的单股铜导线和应变片，将 AL 和 RC 同时连接两根单股铜导线，再直接连接应变式传感器，这样就构成了一个扭矩扳手采集系统，如图 2.9 所示。我们可以通过其控制拧紧力矩，测量松动力矩。

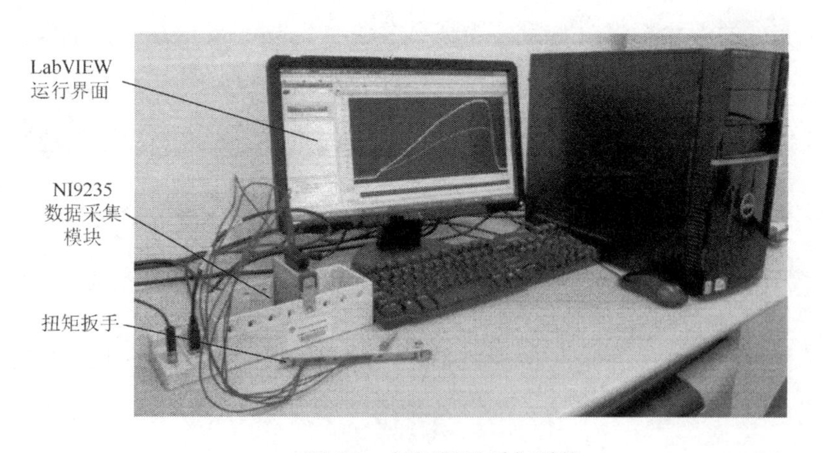

图 2.9　扭矩扳手采集系统

2.5　Fe-Mn-Si 形状记忆合金螺栓的动态防松性能

本试验采用 SFQ63145-150NF2S 型号的横向振动试验机，对 Fe-Mn-Si 形状记忆合金防松螺栓进行动态防松性能测试，如图 2.10 所示。该试验机采用伺服阀控液压缸来作为系统的动力机构，提供加载力，并用计算机进行实时控制。振动台自由度数目为两个，最大加速度为 2g，工作频率范围为 0～50Hz。该试验机由振动试验台、液压源、数据采集仪和研华工控机组成。

图 2.10　横向振动试验机示意图

根据液压振动试验台与试验使用的 Fe-Mn-Si 形状记忆合金防松螺栓而设计的振动夹具，如图 2.11 所示。该夹具的两个 ϕ17mm 圆孔用来将夹具固定在振动台的负载接口上，ϕ6mm 的圆孔用来将螺栓与质量块进行连接，两个 M4 螺纹孔用来连接应变式传感器，其主要作用是判断螺栓横向振动的情况，防止发生螺栓完全失效而未被发现。这样，当振动试验台振动时螺栓带动夹具一起振动，与螺栓连接的质量块就会受到一个惯性力的作用，此惯性力就为横向振动的加载力。

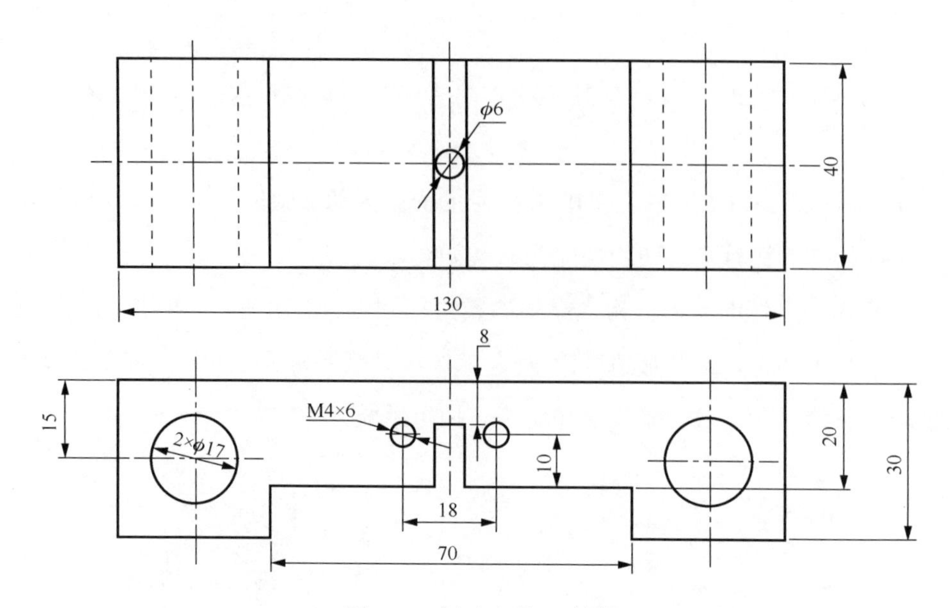

图 2.11　振动夹具尺寸图

将防松螺栓用专用夹具夹紧后安装在测试台上，利用振动台在被夹紧的金属板间产生的交变横向位移，使螺栓连接产生松动，并用应变式传感器记录下每次设定时间振动后的松动力矩，根据记录的数据，判断螺栓连接是否失效。

2.6　形状记忆效应的测试方法

室温时，将合金试样在 MTS880 材料试验机上进行拉伸预变形，应变速率为 $1.1\times10^{-3}\ \mathrm{s}^{-1}$。本节采用压痕法测量单向拉伸试样的形状记忆效应。

拉伸前用小冲头在试样有效部位上打两个压痕，间距为 l_0；拉伸预变形后测量两个压痕间的距离，用 l_1 表示；然后将拉伸预变形后的试样在管式电阻炉中加热至 500℃并保温 5min 后，随炉冷却至室温，测量两个压痕之间的距离，记为 l_2。则预变形量 ε_P、可恢复应变 ε_R、形状恢复率 η 分别按式（2.1）～式（2.3）计算。

$$\varepsilon_P = \frac{l_1 - l_0}{l_0} \times 100\% \tag{2.1}$$

$$\varepsilon_R = \frac{l_1 - l_2}{l_0} \times 100\% \tag{2.2}$$

$$\eta = \frac{\varepsilon_R}{\varepsilon_P} = \frac{l_1 - l_2}{l_1 - l_0} \times 100\% \tag{2.3}$$

2.7　应力松弛率的测量

Fe-Mn-Si 形状记忆合金的应力松弛是通过测量其应力随时间降低的变化来进行分析的。利用数据采集仪记录试样达到预变形量时的载荷 F_R^0，达到预变形量后停载 10min 或 1h 后测得的载荷 F_R^t。设 S 为试样有效部位的截面积，则恢复应力为

$$\sigma_R = \frac{F_R}{S}$$

Fe-Mn-Si 形状记忆合金的应力松弛程度可用应力松弛率 R_L 来衡量。应力松弛率可用式（2.4）计算：

$$R_L = \frac{\sigma_R^0 - \sigma_R^t}{\sigma_R^0} \times 100\% = \frac{F_R^0 - F_R^t}{F_R^0} \times 100\% \tag{2.4}$$

2.8　组织结构分析

X 射线衍射测量是在日本 Rigaku 2500 PC X 射线衍射仪上对合金试样的母相及马氏体晶体结构、点阵参数进行测定，采用 CuKα 辐射，工作电压 40 kV，电流 150mA，扫描速度 0.02°/s，扫描角度为 30°～80°。X 射线衍射试样用拉伸试样，X 射线扫描表面经磨光后进行化学减薄 0.2mm 以上，以消除线切割加工和磨光过程中对试样组织结构的影响。

在 OLYMPUS G×51 型金相显微镜上观察合金的马氏体形态，样品用 240 号～1000 号水砂纸打磨后，进行机械抛光。为了得到较好的腐蚀效果，采用比例为：$3mlHF + 50mlH_2O_2 + 10mlH_2O$ 的溶液进行化学抛光，以去除表面因磨削引起的应力诱发 ε 马氏体层，再用 $3gCuSO_4 + 10mlHCl + 30mlH_2O$ 溶液进行腐蚀。

扫描电镜在 XL301TMP 型扫描电镜上直接进行微观形貌的观察。将试样在体

积比为 2∶4∶4 的 $H_2O_2+HF+H_2O$ 溶液中预腐蚀，然后在体积分数为 4%硝酸溶液中腐蚀。

透射电镜样品先在室温下对试样进行化学减薄至 50 μm，然后在 0℃左右温度下对试样双喷电解抛光。化学减薄液为 $H_2O_2+HF+HCl$ 溶液（体积比 3∶5∶5），双喷电解液为体积分数为 30%的高氯酸乙醇溶液。透射电镜显微组织观察在 H-800 上完成，操作电压为 200 kV。

2.9 本 章 小 结

本章选用两种不同成分的 Fe-Mn-Si 形状记忆合金进行冶炼，一种为低 C 高 Cr、Ni 的 A 形状记忆合金，另一种为高 C 并适量添加 V 元素的 B 形状记忆合金。

根据拉伸停载试验、水泥基体约束试验以及防松螺栓试验的试验原理，进行试样的制备与预处理。

拉伸停载试验在自制的拉伸试验机上完成。为了确保试样在拉伸过程中受轴向拉力，在拉伸装置中设计制造了万向连接套筒，在室温下按 4 种不同的试验方案对试样进行拉伸，对试样进行应力松弛率的测量、X 射线衍射分析、金相观察以及透射电子显微镜观察。

水泥基体约束试验在自制的水泥成型模具中完成，对水泥基体约束和非约束态下的试样分别进行 X 射线衍射分析、金相观察、扫描电镜观察。

将 Fe-Mn-Si 形状记忆合金制成螺栓，利用自制的扭矩扳手，依据电测法测量防松摩擦力矩，并对螺栓进行静态防松性能、重复使用性能以及动态防松性能的测试。

第3章　Fe-Mn-Si形状记忆合金不同变形条件下的ε马氏体相变

3.1　引　　言

众所周知，Fe-Mn-Si 形状记忆合金的形状记忆效应源于应力诱发$\gamma \to \varepsilon$马氏体相变及其逆相变，研究ε马氏体结构组成及生长状态是认识这类合金形状记忆效应的基础。大量实验证明[87,88,152]，应力诱发ε马氏体的数量及生长状态直接影响Fe-Mn-Si 形状记忆合金的形状记忆效应。目前，国内外的研究大都是从母相状态出发（如强化母相、添加元素、热机械循环训练等）研究应力诱发$\gamma \to \varepsilon$马氏体相变及其形状记忆效应的。

本章通过控制变形过程中的停载时间构建Fe-Mn-Si形状记忆合金恒应变约束状态下的应力诱发$\gamma \to \varepsilon$马氏体相变，利用X射线衍射分析、金相及透射电镜观察等，研究不同变形条件下显微组织中的ε马氏体数量、形态以及对其形状记忆效应的影响，旨在通过Fe-Mn-Si形状记忆合金变形达到预变形量并恒应变约束一定时间，提高其形状记忆效应。

3.2　Fe-Mn-Si形状记忆合金不同变形条件下拉伸组织的X射线分析

3.2.1　Fe-Mn-Si形状记忆合金不同变形条件下的拉伸

图3.1为预变形1%、3%、5%、7%、9%的A合金试样循环停载60min的应力-应变曲线。从图中可以看出，在停载的过程中，应变保持不变，应力随时间下降，且预变形越大，应力下降的幅度越小。

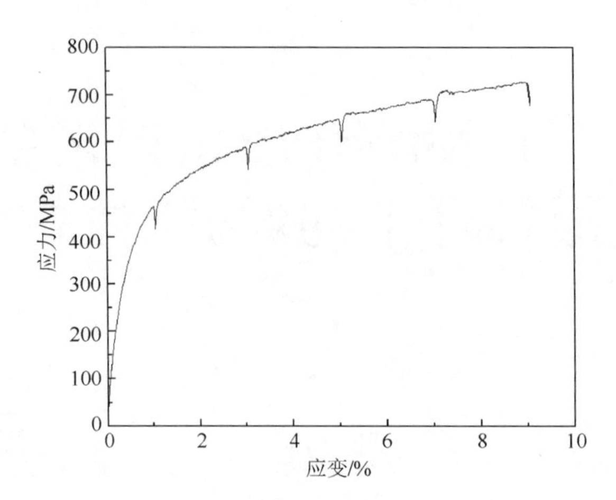

图 3.1　预变形 1%、3%、5%、7%、9%的 A 合金试样循环停载 60min 的应力-应变曲线

图 3.2 为预变形 1%、3%、5%、7%、9%的 A 合金试样循环停载 60min 的应力-时间曲线。从图中可以看出，当预变形量达到 1%时，应力约为 480MPa，随着停载时间的增加，应力逐渐下降，当停载约 60min 时，应力约为 410MPa，此时应变保持不变。这充分说明了在停载的过程中，合金内部发生了应力松弛现象。

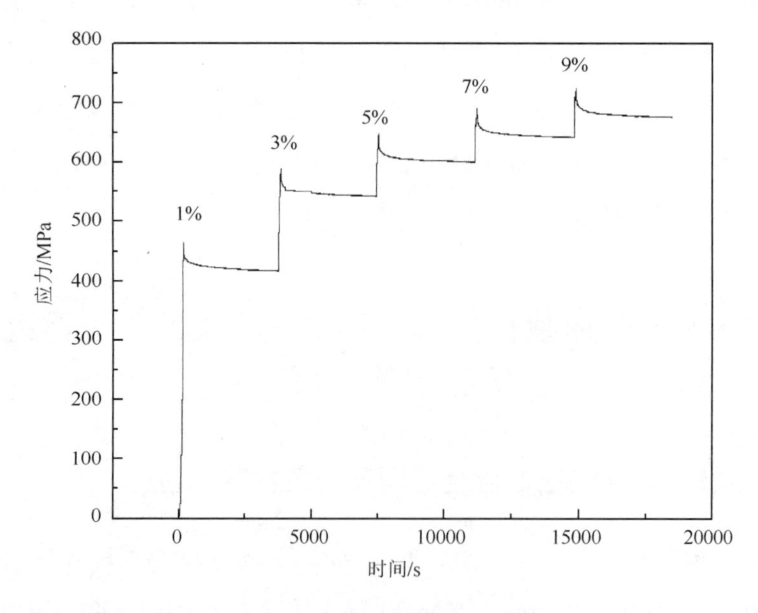

图 3.2　预变形 1%、3%、5%、7%、9%的 A 合金试样循环停载 60min 的应力-时间曲线

3.2.2　应力诱发马氏体相变中各相的定量分析

通过测量 X 射线衍射谱并采用直接比较法[184]，可对应力诱发马氏体相变体系中的γ、ε和α'相进行定量计算。

X 射线衍射仪测定的多晶体衍射强度可表达为

$$I = \frac{KR}{2\mu}V \tag{3.1}$$

式中，K——与衍射物质种类及含量无关的常数；

R——与衍射角 2θ、晶面指数 hkl 及待测物质的种类有关的比例常数；

V——X 射线照射的被测物质的体积；

μ——试样的吸收系数。

设：C_γ、C_ε和$C_{\alpha'}$分别为γ、ε和α'相的体积分数，则

$$\begin{cases} I_\gamma = \dfrac{KR_\gamma C_\gamma V}{2\mu} \\ I_\varepsilon = \dfrac{KR_\varepsilon C_\varepsilon V}{2\mu} \\ I_{\alpha'} = \dfrac{KR_{\alpha'} C_{\alpha'} V}{2\mu} \\ C_\gamma + C_\varepsilon + C_{\alpha'} = 1 \end{cases} \tag{3.2}$$

因此，由式（3.2）可求出γ、ε和α'的体积分数为

$$\begin{cases} C_\varepsilon = \dfrac{1}{1 + \dfrac{R_\varepsilon}{R_\gamma}\dfrac{I_\gamma}{I_\varepsilon} + \dfrac{R_\varepsilon}{R_{\alpha'}}\dfrac{I_{\alpha'}}{I_\varepsilon}} \\ C_\gamma = \dfrac{1}{1 + \dfrac{R_\gamma}{R_\varepsilon}\dfrac{I_\varepsilon}{I_\gamma} + \dfrac{R_\gamma}{R_{\alpha'}}\dfrac{I_{\alpha'}}{I_\gamma}} \\ C_{\alpha'} = \dfrac{1}{1 + \dfrac{R_{\alpha'}}{R_\gamma}\dfrac{I_\gamma}{I_{\alpha'}} + \dfrac{R_{\alpha'}}{R_\varepsilon}\dfrac{I_\varepsilon}{I_{\alpha'}}} \end{cases} \tag{3.3}$$

对于 B 合金试样和预变形量 $\varepsilon_P \leqslant 5\%$的 A 合金试样，应力诱发$\gamma \to \varepsilon$马氏体相变体系中只有$\gamma$和$\varepsilon$两相，$C_{\alpha'}=0$，$I_{\alpha'}=0$，式（3.3）变为

$$\begin{cases} C_\varepsilon = \dfrac{1}{1+\dfrac{R_\varepsilon}{R_\gamma}\dfrac{I_\gamma}{I_\varepsilon}} \\ C_\gamma = \dfrac{1}{1+\dfrac{R_\gamma}{R_\varepsilon}\dfrac{I_\varepsilon}{I_\gamma}} \end{cases} \tag{3.4}$$

在利用式（3.3）和式（3.4）计算C_γ、C_ε、$C_{\alpha'}$时，I_γ、I_ε、$I_{\alpha'}$可由 X 射线衍射谱直接测出，R_γ、R_ε、$R_{\alpha'}$可由式（3.5）计算求得

$$R = \frac{PF^2}{V_C^2}\left(\frac{1+\cos^2 2\theta}{\sin^2\theta\cos\theta}\right)e^{-2M} \tag{3.5}$$

式中，P——多重性因子，根据晶体结构和晶面指数由表查出；

F^2——晶胞衍射强度（结构因子），包括了原子散射因素，查表可得；

$\dfrac{1+\cos^2 2\theta}{\sin^2\theta\cos\theta}$——角因子，可由计算或查表得到；

e^{-2M}——温度因子，可由式（3.6）求出；

V_c——单位晶胞的体积，γ、ε和α'相的V_c可由式（3.7）求得。

$$M = \frac{6h^2}{m_a k\Theta}\left[\frac{\phi(\chi)}{\chi}+\frac{1}{4}\right]\frac{\sin^2\theta}{\lambda^2} \tag{3.6}$$

式中，h——普朗克常数，$h = 6.626\times10^{-34}$J·s；

m_a——原子质量，$m_a = A\times1.66\times10^{-24}$g，$A$ 为元素的原子量；

k——玻尔兹曼常数，$k = 1.38\times10^{-23}$J/K；

Θ——德拜特征温度平均值；对 Fe：Θ=453K；

χ——为德拜特征温度Θ与摄谱时试样绝对温度 T 之比，即：$\chi=\Theta/T$；

$\phi(\chi)$——德拜函数，$\left[\dfrac{\phi(\chi)}{\chi}+\dfrac{1}{4}\right]$可由表查出。

$$
\begin{cases}
V_\gamma = a_\gamma^3 \\
V_\varepsilon = \dfrac{3\sqrt{3}}{2} a_\varepsilon^2 c_\varepsilon \\
V_{\alpha'} = a_{\alpha'}^3
\end{cases}
\tag{3.7}
$$

根据 X 射线衍射谱的测量结果，γ 和α'相的点阵常数可由式（3.8）算出，ε相的点阵常数可由式（3.9）算出，由测量计算获得的试验合金中γ、ε和α'相的点阵常数，如表 3.1 所示。在计算γ相的点阵常数时，采用最小二乘法进行了精确计算。

$$
\frac{\lambda}{2\sin\theta} = \frac{a}{\sqrt{h^2+k^2+l^2}}
\tag{3.8}
$$

$$
\frac{\lambda}{2\sin\theta} = \frac{1}{\sqrt{4/3(h^2+hk+k^2)/a^2+l^2/c^2}}
\tag{3.9}
$$

表 3.1　试验合金中γ、ε和α'相的点阵常数

合金	γ	ε			α'
	a/Å	a/Å	c /Å	c / a	a /Å
A	3.5964	2.5476	4.1430	1.6262	2.8659
B	3.5907	2.5562	4.0994	1.6037	—

研究证明，Fe-Mn-Si-Cr-Ni 合金 X 射线衍射谱上的(10.1)ε峰对ε相的体积分数变化最为敏感[30]。因此，在计算γ、ε和α'相的体积分数时选择和(10.1)ε峰相邻的(200)γ和(110)α'作为对比衍射线较为合理。按式（3.5）可计算出试验合金(200)γ、(10.1)ε和(110)α'衍射强度比例常数R_γ、R_ε、$R_{\alpha'}$的值，列于表 3.2。这样，根据 X 射线衍射谱用式（3.3）可计算出试验合金的γ、ε和α'各相的含量C_γ、C_ε、$C_{\alpha'}$。鉴于试验合金的可用资料很少，在标定 X 射线衍射谱和计算R_γ、R_ε、$R_{\alpha'}$时采用了 Fe-C 合金的标准资料。

表 3.2　R_{γ}、R_{ε}、$R_{\alpha'}$ 的计算值

合金	$R_{\gamma}/\times10^7$	$R_{\varepsilon}/\times10^7$	$R_{\alpha'}/\times10^7$
A	8.0332	1.8811	24
B	8.1568	1.7997	—

3.2.3　Fe-Mn-Si 形状记忆合金不同变形条件下的组织分析

图 3.3 为预变形 5%的 A 合金试样不同变形条件的 X 射线衍射谱。如图 3.3 所示，(200)γ 、(10.1)ε 、(110)α' 等衍射峰的高度随着停载时间的变化发生了改变。根据测量 X 射线衍射图谱，并采用直接比较法，根据上述公式计算可得预变形 5%的 A 合金试样直接卸载、停载 10min 及停载 60min 后组织的γ 、ε 和α'相的体积分数，如表 3.3 所示。

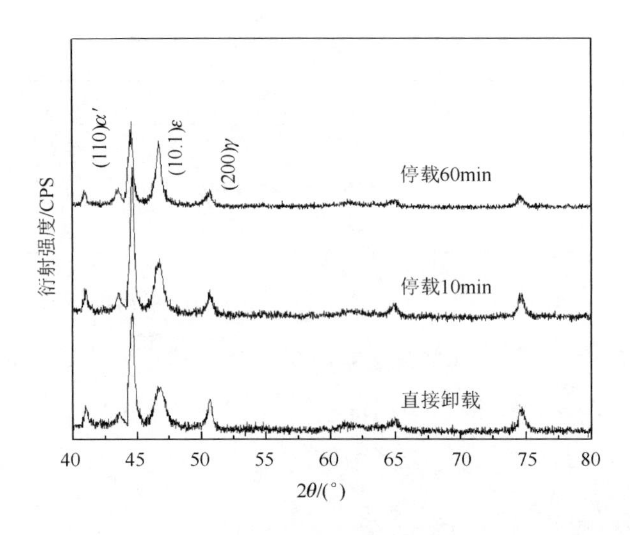

图 3.3　预变形 5%的 A 合金试样不同变形条件的 X 射线衍射谱

由表可见，随停载时间的增加，ε 马氏体与α'马氏体的体积分数均增大，而γ 奥氏体的体积分数则逐渐减小。说明 A 合金在停载的过程中合金内部不仅发生了应力诱发$\gamma\rightarrow\varepsilon$ 马氏体相变，同时也引入了塑性变形，这与文献[185]所指出的记忆合金应变约束相变后合金中引入塑性变形的观点一致。在 Fe-Mn-Si 形状记忆合

金中，由于成分、预变形或变形温度的不同，应力诱发$\gamma \to \varepsilon$马氏体相变过程中可能伴随发生$\varepsilon \to \alpha'$或$\gamma \to \alpha'$相变[186]。

表 3.3 预变形 5%的 A 合金试样不同变形条件的γ、ε和α'相的体积分数

变形条件	γ / %	ε / %	α' / %
拉伸至 5%直接卸载	17.83	78.92	3.25
拉伸至 5%停载 10min 卸载	14.57	81.71	3.72
拉伸至 5%停载 60min 卸载	13.32	82.36	4.32

图 3.4 所示为预变形 5%的 B 合金试样不同变形条件的 X 射线衍射谱，表 3.4 为不同变形条件的 B 合金试样预变形量 5%的γ、ε和α'相的体积分数。可见 B 合金组织具有和 A 合金组织类似的变化规律。

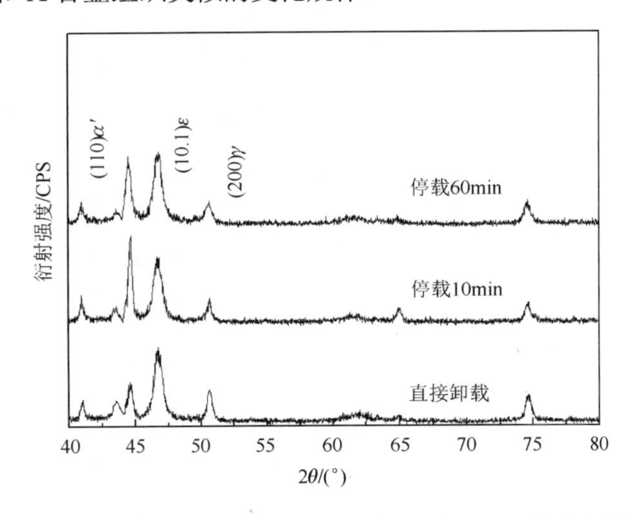

图 3.4 预变形 5%的 B 合金试样不同变形条件的 X 射线衍射谱

表 3.4 预变形 5%的 B 合金试样不同变形条件的γ、ε和α'相的体积分数

变形条件	γ/ %	ε / %	α'/ %
拉伸至 5%直接卸载	9.29	87.83	2.88
拉伸至 5%停载 10min 卸载	8.02	88.21	3.77
拉伸至 5%停载 60min 卸载	7.41	88.52	4.07

在 A 合金和 B 合金 X 射线衍射谱中出现了(110)α'衍射峰，表明在应力诱发$\gamma \to \varepsilon$马氏体相变时，组织内部出现了α'马氏体，合金中的相组成为$\gamma + \varepsilon + \alpha'$。

关于 Fe-Mn-Si 形状记忆合金在变形过程中产生α'马氏体的成因有两种观点[187]：一种认为是应力直接诱发$\gamma \to \alpha'$马氏体相变；另一种认为是在较大变形量下，由于ε马氏体片的相交形成了α'马氏体。α'马氏体的存在使合金中引入了不可逆的塑性变形，阻碍了应力诱发ε马氏体的逆相变，降低了形状恢复率。因此，Fe-Mn-Si 形状记忆合金中α'马氏体的形成是获得较好形状记忆效应的障碍。

图 3.5 是不同预变形的 B 合金试样停载 60min 的 X 射线衍射谱。根据测量 X 射线衍射图谱，并采用直接比较法计算不同预变形的 B 合金试样停载 60min 后组织的γ、ε和α'相的体积分数，如表 3.5 所示。由表可见，停载 60min 时，随预变形量的增加，ε马氏体与α'马氏体的体积分数均增大，而γ奥氏体的体积分数则逐渐减小。表明在恒应变约束下，预变形量越大，应力诱发ε马氏体量越多，合金内应力随之增大，界面能升高，容易使 Shockley 不全位错扩展而产生相互交叉，且在ε马氏体相交处形成α'马氏体，容易使合金发生不可逆的塑性变形。

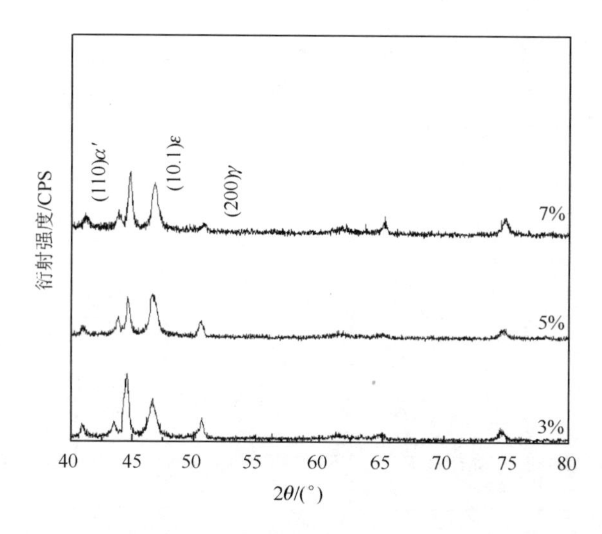

图 3.5 不同预变形的 B 合金试样停载 60min 的 X 射线衍射谱

表 3.5 不同预变形的 B 合金试样停载 60min 的γ、ε和α'相的体积分数

预变形量	γ /%	ε /%	α' /%
3%	8.04	86.31	3.64
5%	7.41	88.52	4.07
7%	3.69	92.22	4.09

3.3　变形条件对 Fe-Mn-Si 形状记忆合金应力诱发ε马氏体相变的影响

3.3.1　停载时间对应力诱发$\gamma \to \varepsilon$马氏体相变的影响

图 3.6 为停载时间对约束应变 5%的 A 合金试样组织的影响。从图中可以看出，停载时间越长，γ奥氏体量越少，ε马氏体量和α'马氏体量越多。当停载时间为 0～10min 时，应力诱发ε马氏体体积分数增加很快，当停载时间超过 10min 时，ε马氏体体积分数增加较慢，其原因可能有两方面：一是随停载时间的增加，易使 Shockley 不全位错长程扩展而产生交割、缠绕、位错等晶体缺陷，这不仅破坏了ε马氏体组成基元边界与母相γ的共格关系，使γ/ε界面的移动性受到破坏，而且在ε马氏体内形成了许多不可逆的微结构[188]；二是$\varepsilon \to \alpha'$马氏体相变的发生同样也会抑制应力诱发ε马氏体数量的增加。停载时间对约束应变 5%的 B 合金试样组织的影响与 A 合金试样是一致的，如图 3.7 所示。

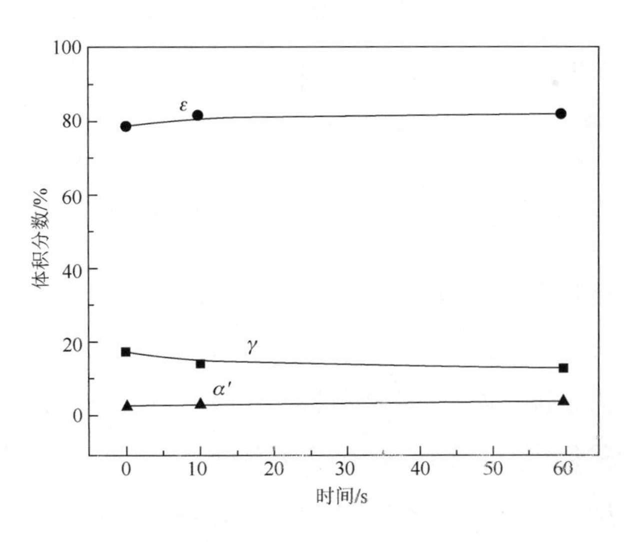

图 3.6　停载时间对约束应变 5%的 A 合金试样组织的影响

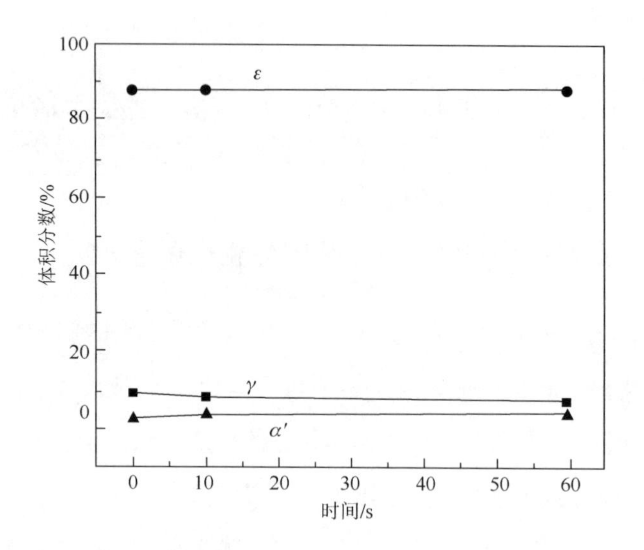

图 3.7 停载时间对约束应变 5%的 B 合金试样组织的影响

比较图 3.6 和图 3.7 发现，在相同变形条件下，B 合金中的应力诱发ε马氏体体积分数略微高于 A 合金，而α'马氏体量却低于 A 合金，这是因为 B 合金中的 C 元素以及其他合金元素（Nb、Zr、Mo、V、Ti 等）可以起到强化母相的作用，在变形过程中阻止了滑移变形的发生，从而使合金可以诱发出更多的ε马氏体，同时α'马氏体的形成需要母相的协作变形。因此，B 合金中 C、V 等元素对母相的强化作用是抑制α'马氏体形成的主要原因。

3.3.2 预变形量对应力诱发$\gamma\rightarrow\varepsilon$马氏体相变的影响

图 3.8 为预变形量对停载 60min 的 A 合金试样组织的影响。从图中可以看出，随预变形量的增加，A 合金中ε马氏体的体积分数在变形初期逐渐增加，这是因为ε马氏体在形成的过程中需要消耗较多的能量，预变形量的增加可以提供更多的相变机械能。而当预变形量超过 7%时，Fe-Mn-Si 形状记忆合金变形更多地依赖塑性变形，根据“较大应力诱发ε马氏体相变时，ε马氏体片间的交互作用产生了α'马氏体”的观点[132]，随着预变形量的增加，有些ε马氏体可转化成α'马氏体。因此，当预变形量超过 7%时，ε马氏体体积分数逐渐下降，α'马氏体体积分数却逐渐上升。

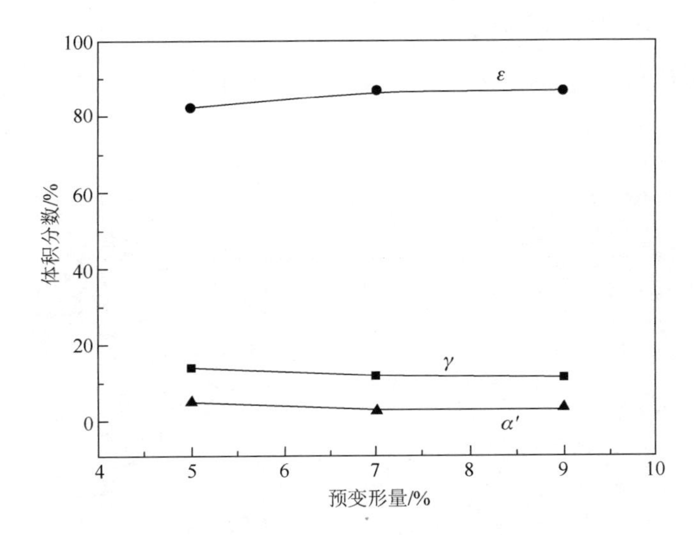

图 3.8　预变形量对停载 60min 的 A 合金试样组织的影响

图 3.9 为预变形量对停载 60min 的 B 合金试样组织的影响，其变化规律与 A 合金相似。

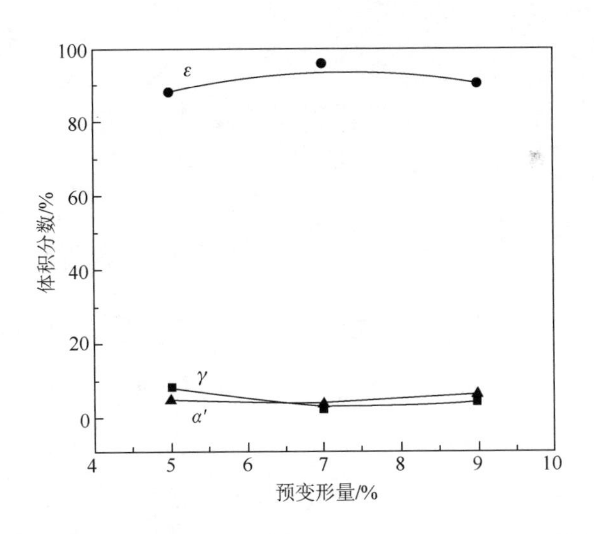

图 3.9　预变形量对停载 60min 的 B 合金试样组织的影响

3.3.3　变形条件对应力诱发ε马氏体相变组织形态的影响

图 3.10 是预变形量 5%的 A 合金试样直接卸载的金相组织。从图中可以看到

一些奥氏体γ晶粒内分布着许多相互平行的细线，这是薄片状应力诱发ε马氏体，几乎每个奥氏体晶粒内的ε马氏体片都是相互平行的，很少相互交叉。这些ε马氏体片贯穿整个奥氏体晶粒，终止于晶界或孪晶界。

图 3.10　预变形量 5%的 A 合金试样直接卸载的金相组织

图 3.11 是预变形 5%的 A 合金试样不同变形条件的透射电子显微照片。如图 3.11（a）中所示，应力诱发形成的ε马氏体片是平行分布的，片间相距较远，无相互交叉，其附近有层错存在，说明发生了与层错扩展有关的应力诱发$\gamma \rightarrow \varepsilon$马氏体相变。随着停载时间的增加，$\varepsilon$马氏体片数量增多，厚度增大，且在原$\varepsilon$马氏体薄片之间的母相$\gamma$基体上会诱发出新的$\varepsilon$马氏体薄片，它们和原有的$\varepsilon$马氏体片相互平行，如图 3.11（b）所示。无论新形成的还是原有的ε马氏体片，都会随着相变驱动力的增大而增厚，进而彼此相互合并形成宽大的ε马氏体带[87]。此外，

组织中局部区域存在较多呈交叉状的ε马氏体可能是产生α'马氏体的主要原因。图 3.11（c）为 A 合金试样停载 60min 的透射电子显微像，可以清楚地看到交叉的网格状ε马氏体条，说明随着 A 合金停载时间的增加，ε马氏体片充分长大。与停载 10min 的合金试样相比［图 3.11（b）］，停载 60min 的合金晶粒内马氏体片更宽，数量增多、交叉现象较严重，并呈规律性的网状结构，此类宽马氏体条在加热发生逆相变时，由于层与层之间的相互制约、相互协调，不能获得很好的晶体学可逆性，对 Fe-Mn-Si 形状记忆合金的形状记忆效应不利。图 3.12 为较低放大率的约束应变 5%的 A 合金试样停载 60min 的透射电子显微照片，更能清楚地表达停载时间较长时，ε马氏体相互交叉且呈网格状的状态。

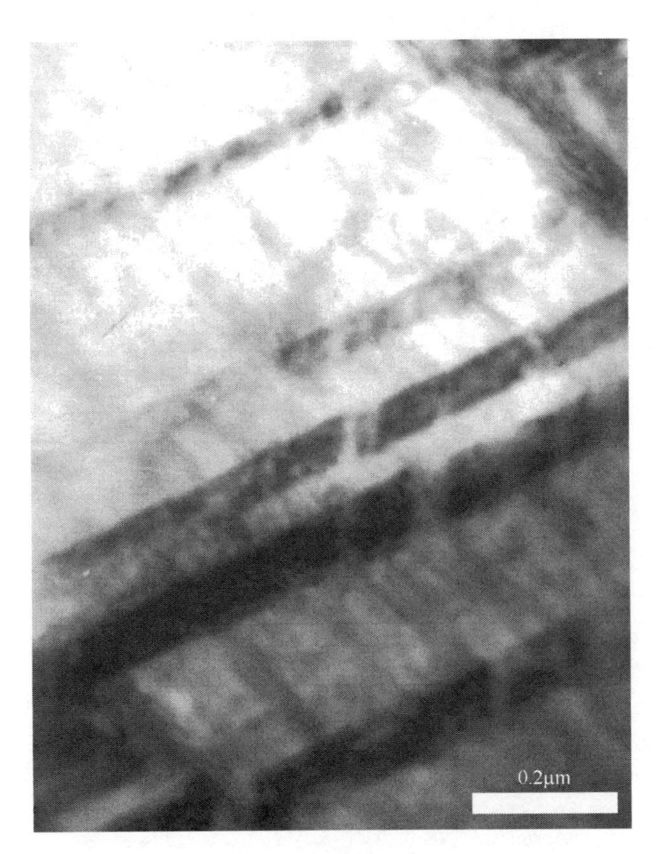

（a）直接卸载

（b）停载 10min

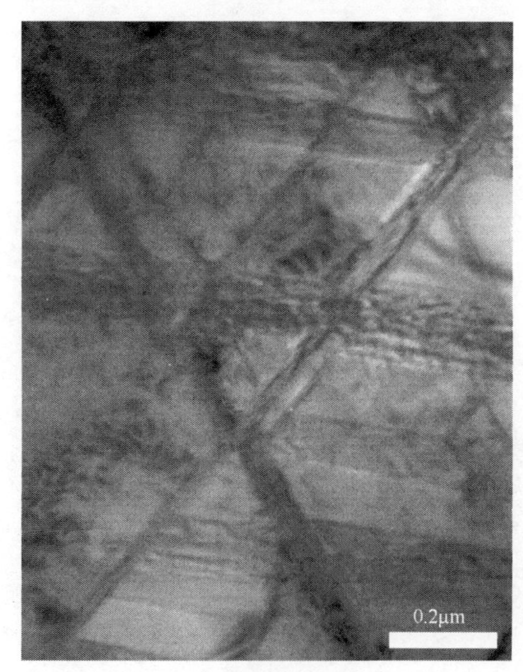

（c）停载 60min

图 3.11　预变形 5%的 A 合金试样不同变形条件的透射电子显微照片

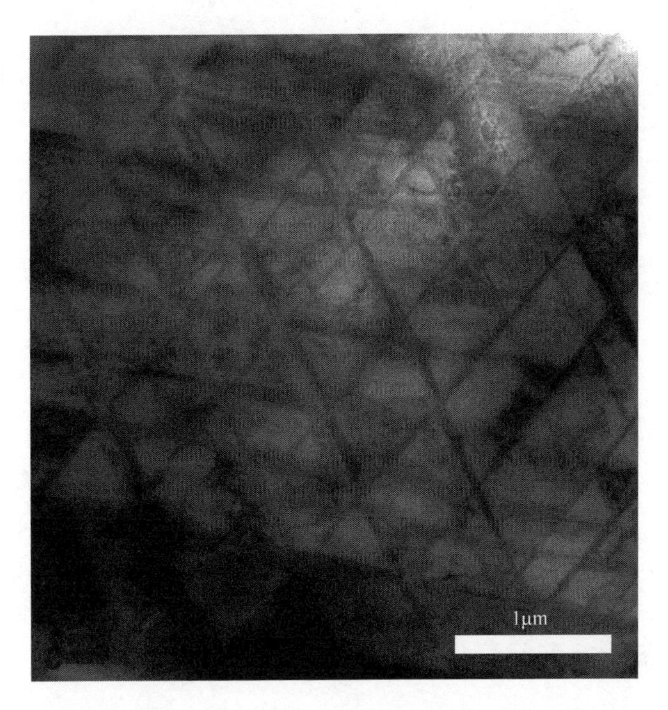

图 3.12　预变形量 5%的 A 合金试样停载 60min 的透射电子显微像

以上的透射电镜观察的试验结果，正好证明了王小祥等[78]给出的相变模型。应力诱发ε马氏体逆相变后会在基体中残留较多的晶体缺陷，从而导致ε马氏体相变可逆性的降低，这种现象称为应力诱发ε马氏体的稳定化，这种稳定化的特点，如图 3.13 所示。Fe-Mn-Si 形状记忆合金母相为单一的γ奥氏体［图 3.13（a)]；预变形量较低时，应力诱发的ε马氏体量较少，马氏体片贯穿母相晶粒且取向单一、平行分布，称为一次ε马氏体片［图 3.13（b)]；随着预变形量的增加，在一次ε马氏体片之间诱发形成二次ε马氏体片［图 3.13（c)]，其生长受到一次ε马氏体片的阻碍，随着预变形量的继续增加，在二次ε马氏体片之间又形成更加细小的三次ε马氏体片，二次ε马氏体片被交叉发生塑性变形［图 3.13（d)]。在加热逆相变后，许多二次、三次ε马氏体片均消失，而粗大的一次ε马氏体片则基本未发生变化，导致形状恢复率降低。

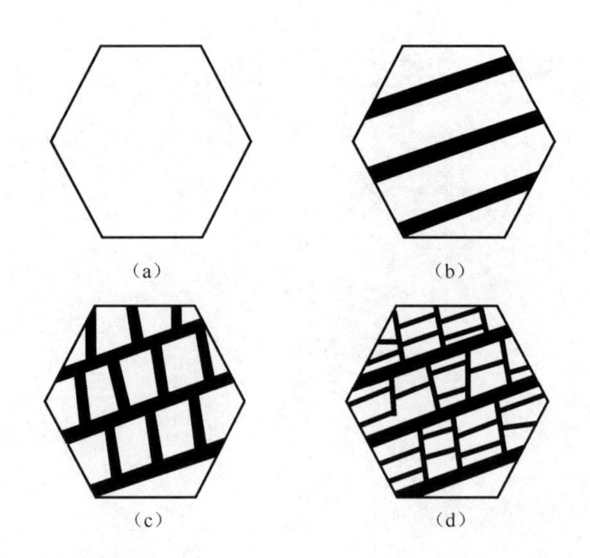

图 3.13 应力诱发$\gamma \rightarrow \varepsilon$马氏体相变过程示意图

3.3.4 变形条件对形状记忆恢复率的影响

图 3.14 为停载时间对不同预变形量的 A 合金试样形状恢复率的影响。从图中可以看出，当停载时间为 0～10min 时，形状恢复率随停载时间的增加而迅速增大，当停载时间超过 10min 时，应力诱发ε马氏体数量增多变缓并逐渐稳定，形状恢复率却逐渐下降，造成这一现象的原因与应力诱发ε马氏体的稳定化有关。以预变形量 5%的 A 合金试样为例，当停载 60min 时，其形状恢复率为 31.88%，而在相同预变形量下停载 10min 的 A 合金试样的形状恢复率为 41.25%，比停载 60min 高 9.37%。

从图 3.14 中可以看到，直接卸载时，预变形量 5%的 A 合金试样的形状恢复率比预变形 7%、9%的合金试样分别提高 12.2%、18.4%，说明形状恢复率随着预变形量的增加而降低。这是因为当预变形量较小时，Fe-Mn-Si 形状记忆合金的变形主要以应力诱发$\gamma \rightarrow \varepsilon$马氏体相变变形为主，$\varepsilon$马氏体大多呈平行态分布、交叉较少，因此在恢复退火过程中，层错易收缩，形状恢复率较高；随预变形量的增加，ε马氏体间发生交叉、碰撞，并在交叉处发生塑性变形，使ε马氏体趋于稳定，限制了其层错在加热恢复时的收缩，即减少了能够发生层错收缩的ε马氏体相对数量，从而导致应力诱发ε马氏体可逆性降低。另外，在较大应力水平下（预变形量大于 5%）形成宽大的ε马氏体[188]，其内部基元间存在较强的交汇作用，交汇作用可以通过塑性滑移而变得松弛，因而宽大ε马氏体内部的不可逆塑性变形也可成为形状恢复率降低的重要原因。

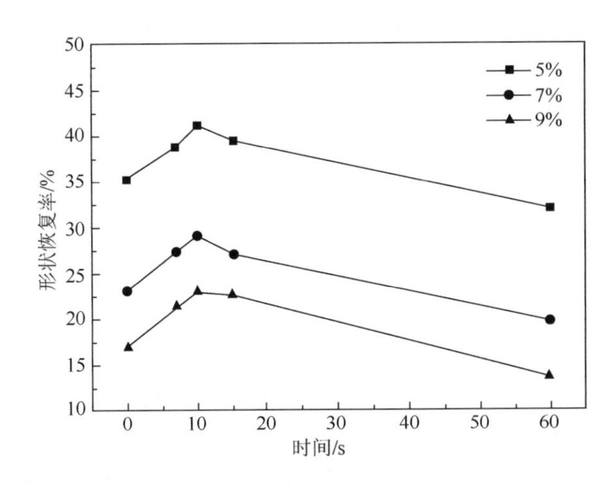

图 3.14　停载时间对不同预变形量的 A 合金试样形状恢复率的影响

随着预变形量的增加，A 合金的形状记忆恢复率和应力诱发ε马氏体体积分数的变化规律相似，说明形状记忆恢复率基本依赖于应力诱发ε马氏体的数量，应力诱发ε马氏体的数量越多，形状记忆恢复率越高。

图 3.15 为停载时间对不同预变形量的 B 合金试样形状恢复率的影响。从图中可以看出，B 合金的形状恢复率随预变形量的增大而降低，其主要原因是随着预变形量的增加，不可逆的位错、滑移等晶体缺陷增多以及ε马氏体可逆性下降所致。当预变形量为 3%时，停载 10min 的形状恢复率比直接卸载高 6.12%、比停载 60min 高 21.48%，即停载 10min 时，B 合金的形状恢复率最好。

如图 3.14 和图 3.15 所示，停载 10min 时，预变形量 5%的 A 合金试样的形状恢复率为 41.25%，而相同变形条件的 B 合金试样的形状恢复率则为 57.45%，比 A 合金高 16.2%。这是因为 B 合金中添加的 C、V 等元素增大了全位错滑移的阻力，抑制了不可逆的塑性变形，促进了应力诱发ε马氏体相变，同时γ奥氏体强度的提高也防止了ε相尖端弹性应力场的松弛[189]，有利于ε马氏体的逆转变，从而提高合金的形状恢复率。

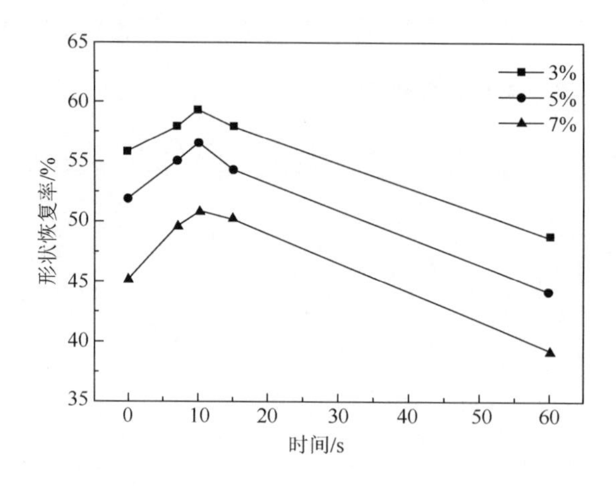

图 3.15　停载时间对不同预变形量的 B 合金试样形状恢复率的影响

3.4　变形条件对 Fe-Mn-Si 形状记忆合金应变特性的影响

3.4.1　Fe-Mn-Si 形状记忆合金的应力松弛率

Fe-Mn-Si 形状记忆合金应力-应变曲线有三个阶段（图 3.16）。第 I 阶段：奥氏体相的线弹性变形阶段，即随着应力增加，合金发生线弹性变形，若在此阶段卸载，合金将呈线弹性恢复。第 II 阶段：应力诱发$\gamma\rightarrow\varepsilon$马氏体的相变阶段，即当应力达到诱发$\gamma\rightarrow\varepsilon$马氏体相变的临界应力时，合金会产生应力诱发$\gamma\rightarrow\varepsilon$马氏体相变而表现为伪屈服，若在此阶段卸载，合金将成非线弹性恢复。第III阶段：塑性变形直至断裂阶段，此阶段主要是合金中ε马氏体“择优长大”以及应力诱发ε马氏体的不断产生，最后进入塑性变形阶段，直至发生断裂。在 Fe-Mn-Si 形状记忆合金中应力诱发ε马氏体引起的变形先于塑性变形出现。

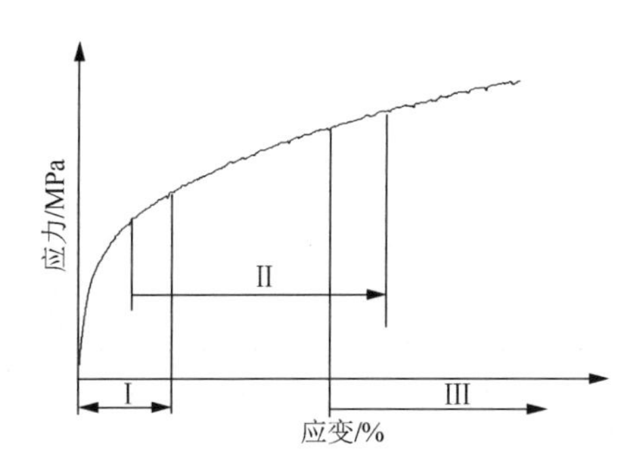

图 3.16　Fe-Mn-Si 形状记忆合金典型应力-应变曲线

恒应变下，随测定时间的增加应力呈下降的规律，即得应力松弛曲线。一般金属材料常温恒应变约束下的应力松弛较小，它和蠕变是一个问题的两个方面。前面的试验证明，Fe-Mn-Si 形状记忆合金恒应变约束过程中，应力诱发$\gamma \rightarrow \varepsilon$马氏体相变继续进行，相变变形也将引起合金的应力松弛。因此，Fe-Mn-Si 形状记忆合金常温恒应变约束下的应力松弛除了蠕变机制外，还可由应力诱发$\gamma \rightarrow \varepsilon$马氏体相变引起，而相变变形的量级大大高于蠕变变形。可以推断，Fe-Mn-Si 形状记忆合金具有更高的应力松弛率。下面的试验也证明了这一点。

图 3.17 为预变形 1%、3%、5%、7%、9%的 A 合金试样停载 60min 的应力松弛曲线。从图中可以看出，应力松弛曲线由两阶段组成[190]，即减速动态松弛曲线（第 1 阶段）和恒速稳态松弛曲线（第 2 阶段）。第 1 阶段为应力随时间急剧下降阶段，松弛量大，松弛时间短，说明在停载初期，应力诱发ε马氏体相变较快；第 2 阶段呈线性关系，即随时间的增加，应力下降速率逐渐变缓的阶段，松弛经历时间长，松弛速率较低。应力松弛现象是在弹性变形转变为塑性变形时产生一定数量的应力诱发ε马氏体而释放应力造成的。随着ε马氏体量的增加，产生新的ε马氏体变得越来越困难，并导致应力松弛速率降为零。

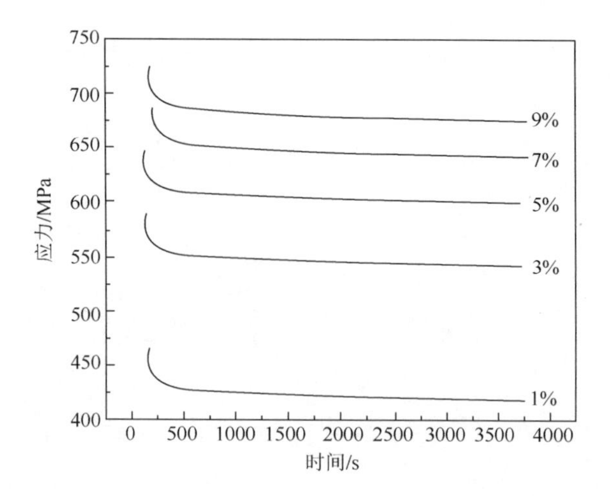

图 3.17 预变形 1%、3%、5%、7%、9%的 A 合金试样停载 60min 的应力松弛曲线

3.4.2 变形条件对应力松弛特性的影响

图 3.18 所示为停载时间对不同预变形量的 A 合金试样应力松弛率的影响。从图中可以看出，在停载 0～5min 时，应力松弛率随时间急剧上升，速率较快。当停载时间超过 5min 后，应力松弛率的增加速率变得缓慢起来。表明在停载的初期，应力诱发$\gamma \rightarrow \varepsilon$马氏体相变较快，随着停载时间的增加，$\varepsilon$马氏体相变速率逐渐减慢，应力松弛率的增加也变得缓慢起来，这与ε马氏体稳定化、位错强化等因素有关。

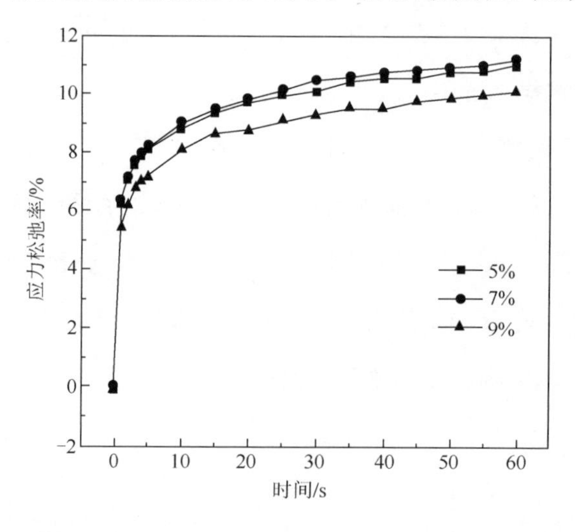

图 3.18 停载时间对不同预变形量的 A 合金试样应力松弛率的影响

当预变形量为 9%时，A 合金试样的应力松弛率较小。这是因为造成应力松弛的原因有两方面：一方面是预变形量较大时，晶体缺陷增多，使母相中不可逆的位错滑移变形占据较大优势[191]；另一方面是堆垛层错的增加，并在有利的位向下转变成ε马氏体，部分降低了松弛程度。因为预变形量较大时，缺陷总量的增加占据了主导地位，所以预变形量 9%的合金试样应力松弛率低于预变形量 5%、7%。图 3.19 为预变形量为 5%、7%、9%的 B 合金试样停载 60min 的应力松弛率，其变化规律与相同变形条件下 A 合金试样（图 3.18）基本类似。

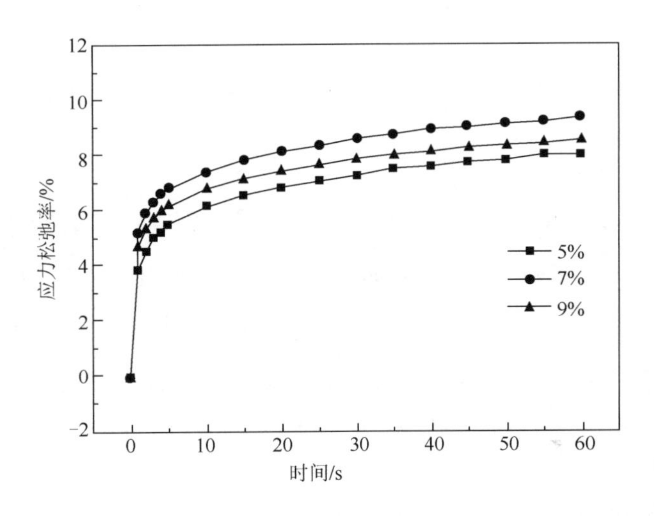

图 3.19　停载时间对不同预变形量的 B 合金试样应力松弛率的影响

图 3.20 为不同时间对预变形量 5%的 A 合金、B 合金以及不锈钢合金试样应力松弛率的影响。从图中可以看出，A 合金、B 合金以及不锈钢合金的应力松弛率均随停载时间的增加而增大，且不锈钢合金的应力松弛率大大低于 A 合金和 B 合金，这是因为不锈钢的松弛是由于蠕变引起的，而 Fe-Mn-Si 形状记忆合金的松弛，除了松弛蠕变机制外还由应力诱发$\gamma \rightarrow \varepsilon$马氏体相变引起，而相变变形引起的松弛率大大高于蠕变变形引起的。

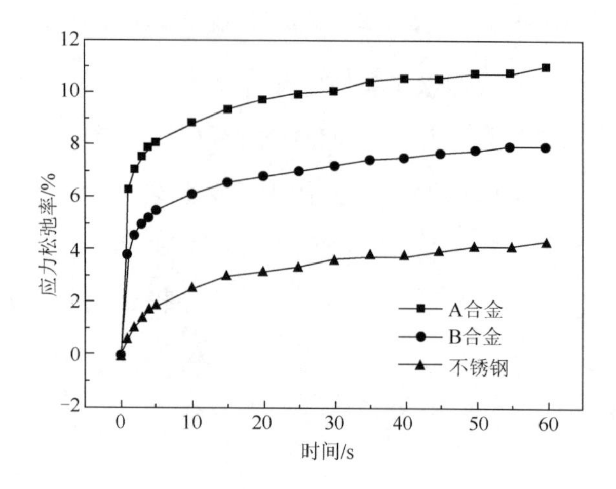

图 3.20　停载时间对预变形量 5%的 A 合金、B 合金与不锈钢合金试样应力松弛率的影响

由图 3.20 还可以看出，在停载的过程中，虽然 B 合金组织中的 ε 马氏体量高于 A 合金，但其 ε 马氏体增量却明显低于 A 合金，例如预变形量 5%的 A 合金停载 10min 时 ε 马氏体增量为 3.54%，而 B 合金只有 0.43%，而应力松弛率代表的是 ε 马氏体的增量，所以，B 合金的应力松弛率明显低于 A 合金。这是因为 B 合金中添加了 C、V 等元素，可以强化母相，提高材料的真屈服强度，而使应力诱发 $\gamma \rightarrow \varepsilon$ 相变需要更大的驱动力，同时，C、V 元素的增加会阻碍 ε 马氏体相交长大。

3.4.3　热机械循环训练对应力松弛特性的影响

图 3.21 为热机械循环训练对 A 合金试样应力-应变曲线的影响，其热机械循环训练工艺为：室温预变形 5%—停载 60min—卸载—500℃×10min 退火处理。

如图 3.21 所示，在应变相同的条件下，A 合金试样的应力随着训练次数的增加而增大。试验表明，随着训练次数的增加，合金的强度增大，这是因为在热机械循环训练的过程中，基体中产生了不可恢复的位错缺陷，且随着训练次数的增多，缺陷不断积累并相互缠结，使得合金的强度逐渐增大。未经训练处理的合金强度为 466MPa，经过 3 次训练后合金强度增加到 591MPa，比未经训练的提高了 26.8%。

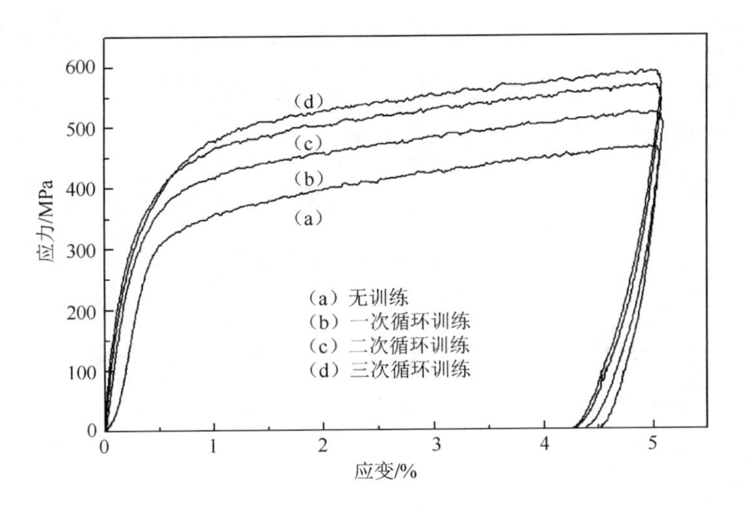

图 3.21　热机械循环训练对 A 合金试样应力-应变曲线的影响

图 3.22 为热机械循环训练对 A 合金试样应力松弛率的影响，随着训练次数的增加，应力松弛率逐渐提高。分析认为，热机械循环训练可以提高合金的恢复应力，为应力诱发ε马氏体相变提供了更大的机械驱动力，在恒应变停载的过程中容易发生应力诱发$\gamma \to \varepsilon$马氏体相变，导致应力松弛。同时，由热机械循环训练而导致的应力诱发ε马氏体临界应力的降低，也是导致应力松弛的原因。

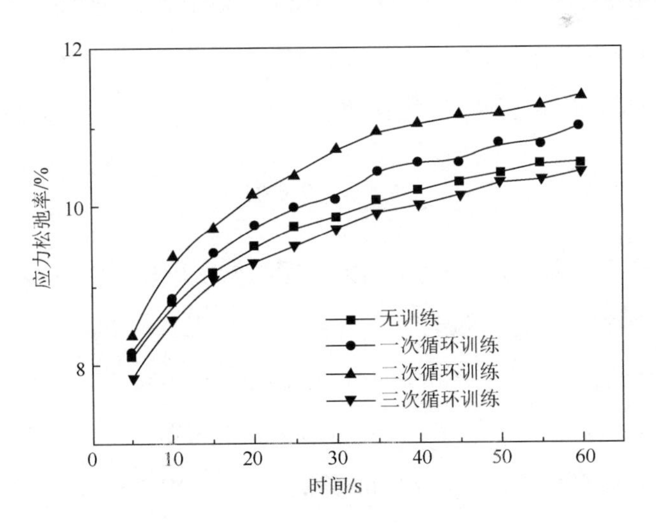

图 3.22　热机械循环训练对 A 合金试样应力松弛率的影响

以上的研究表明，热机械循环训练在提高 Fe-Mn-Si 形状记忆合金应变恢复性能的同时，也会提高合金的应力松弛率，因此在实际工程应用中，在注重提高其形状记忆效应的同时，也要考虑其负面影响。

3.5 本 章 小 结

借助 X 射线衍射测量和计算，以及金相、透射电镜观察等，对 Fe-17%Mn-10%Cr-5%Si-4%Ni、Fe-17%Mn-2%Cr-5%Si-2%Ni-1%V 合金试样在不同变形条件下的马氏体相变进行了较为系统的研究，主要结论如下。

（1）Fe-Mn-Si 形状记忆合金拉伸变形过程中的恒应变停载，可使其应力诱发 $\gamma\rightarrow\varepsilon$ 马氏体相变继续进行。停载时间为 0～10min 时，Fe-Mn-Si 形状记忆合金的应力诱发 ε 马氏体的数量和形状恢复率都随停载时间的增加而迅速增大；当停载时间超过 10min 时，应力诱发 ε 马氏体量增加变缓并逐渐趋于稳定，而 Fe-Mn-Si 形状记忆合金的形状恢复率却逐渐下降，造成这一现象的原因与应力诱发 ε 马氏体的稳定化有关。

（2）预变形量 5%、7%、9%的 Fe-17%Mn-10%Cr-5%Si-4%Ni 合金试样直接卸载时的形状恢复率分别为 35.27%、23.07%、16.87%，可见 Fe-17%Mn-10%Cr-5%Si-4%Ni 合金的形状恢复率随着预变形量的增加而降低。相同预变形量的 Fe-17%Mn-2%Cr-5%Si-2%Ni-1%V 合金的形状恢复率比 Fe-17%Mn-10%Cr-5%Si-4%Ni 合金显著提高。

（3）Fe-Mn-Si 形状记忆合金常温恒应变约束下进行的应力诱发 $\gamma\rightarrow\varepsilon$ 马氏体相变，使其应力松弛率较一般材料大大提高。拉伸过程中恒应变停载 0～5min 时，Fe-Mn-Si 形状记忆合金应力松弛率随时间急剧上升，5min 之后，松弛率增加变缓，表明应力诱发 $\gamma\rightarrow\varepsilon$ 马氏体相变主要在前 5min 内完成。

（4）相同预变形量下，Fe-17%Mn-2%Cr-5%Si-2%Ni-1%V 合金的形状恢复率较 Fe-17%Mn-5%Si-10%Cr-5%Ni 合金显著提高；而在停载过程中，应力松弛率却比 Fe-17%Mn-5%Si-10%Cr-5%Ni 合金还要低。这是因为应力松弛率代表的是 ε 马氏体的增量，而停载时 Fe-17%Mn-2%Cr-5%Si-2%Ni-1%V 合金的ε马氏体的增量较小，其原因是合金中添加了 C、V 等元素，可以强化母相，提高合金材料的真屈服强度，而使应力诱发$\gamma \rightarrow \varepsilon$相变需要更大的驱动力，同时，C、V 元素的增加会阻碍ε马氏体相交长大。

（5）热机械循环训练在提高 Fe-Mn-Si 形状记忆合金形状记忆效应的同时，也将提高合金的应力松弛率，在实际工程应用时应予以考虑。

第 4 章　Fe-Mn-Si 形状记忆合金水泥约束下的应力诱发ε马氏体逆相变

4.1　引　　言

形状记忆合金具有可恢复变形大、抗疲劳性能好、在受限恢复时能产生很大的驱动力、易与同混凝土、钢等结构材料相结合等特点，可作为一种优越的驱动器用于结构控制[192,193]。目前应用于复合材料结构中的形状记忆合金大都选用价格昂贵的 Ni-Ti 合金，其应用受到了限制。将 Fe-Mn-Si 形状记忆合金置入复合材料结构中，不仅可以实时调控复合材料构件的预应力，补偿结构因长期使用所造成的预应力损失，改变其变形状态，而且可以有效地抑制复合材料基体中裂缝的扩展[194,195]。Fe-Mn-Si 形状记忆合金对复合材料结构驱动效应基于约束态下的ε氏体逆相变，目前这方面的研究尚不多见。

本章借助 X 射线衍射测量和计算，试图揭示不同预变形量的 Fe-Mn-Si 形状记忆合金在水泥基体约束状态下应力诱发马氏体的逆相变特征，并与非约束状态下的 Fe-Mn-Si 形状记忆合金进行比较，利用金相观察、扫描电镜等试验手段，对 Fe-Mn-Si 形状记忆合金的微观组织进行比较系统的研究。

4.2　Fe-Mn-Si 形状记忆合金应力诱发ε马氏体逆相变分析

4.2.1　Fe-Mn-Si 形状记忆合金非约束下的应力诱发ε马氏体逆相变

图 4.1 为预变形量 4.73%的非约束态 A 合金试样在不同恢复温度下的 X 射线衍射图谱。根据 X 射线图谱，采用直接比较法，可以计算出恢复温度对预变形量 4.73%非约束态 A 合金试样的γ、ε和α'相体积分数的影响，如表 4.1 所示。从表

中可以看出，随着恢复温度的增加，ε马氏体的体积分数逐渐减少，γ奥氏体体积分数逐渐增多，而α'马氏体体积分数基本不变，当恢复温度达到 250℃时，ε马氏体已完全消失，γ奥氏体体积分数也不随恢复温度的升高而增加。由此可见，预变形后的 Fe-Mn-Si 形状记忆合金在加热的过程中将发生应力诱发$\gamma \to \varepsilon$马氏体逆相变，逆相变终止温度不高于 250℃。

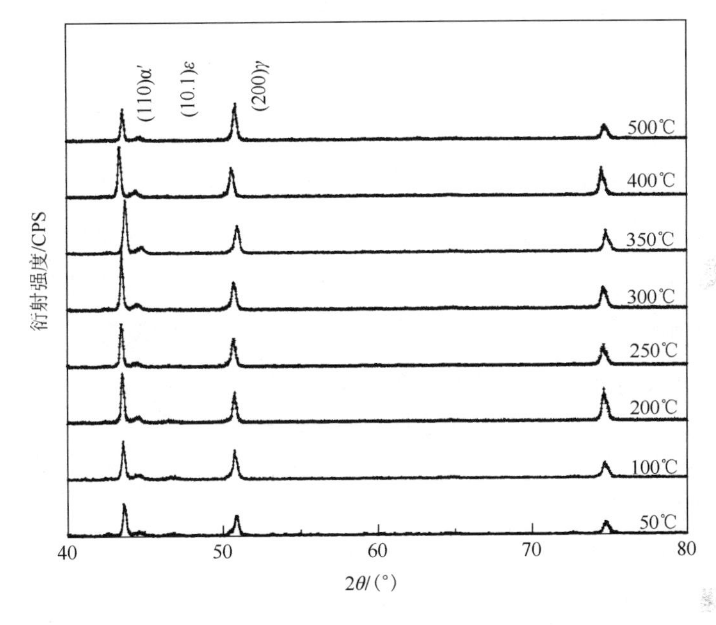

图 4.1　预变形量为 4.73%非约束态 A 合金试样在不同恢复温度下的 X 射线衍射图谱

表 4.1　恢复温度对预变形量 4.73%非约束态 A 合金试样的γ、ε和α'相体积分数的影响

恢复温度/℃	ε 相体积分数/%	γ 相体积分数/%	α' 相体积分数/%
50	20.18	76.59	3.23
100	15.75	80.53	3.72
200	10.42	86.02	3.56
250	0	96.61	3.39
300	0	96.15	3.85
350	0	96.21	3.79
400	0	96.34	3.66

4.2.2 Fe-Mn-Si 形状记忆合金约束下的应力诱发ε马氏体逆相变

图4.2为水泥基体约束下预变形量4.73%的A合金试样在不同恢复温度下的X射线衍射图谱。根据X射线衍射图谱可以计算出，恢复温度对预变形量4.73%约束态A合金试样γ、ε和α'相体积分数的影响，如表4.2所示。从表中可以看出，当合金试样加热至50℃时，ε马氏体体积分数为21.89%，γ奥氏体体积分数为76.77%，α'马氏体体积分数为1.34%。随着温度的升高，ε马氏体量逐渐减少，γ奥氏体量逐渐增多，α'马氏体量则基本不变。与非约束态合金不同的是，当温度上升至250℃时ε马氏体仍然存在，其体积分数为11.62%，随着温度的进一步升高，ε马氏体量继续减少，恢复温度为500℃时，ε马氏体量为8.70%，也就是说，当温度升至500℃时，应力诱发$\gamma \to \varepsilon$马氏体逆相变仍然在继续进行。以上试验结果表明，Fe-Mn-Si形状记忆合金在水泥基体约束下的逆相变终止温度A_f在500℃以上，远高于非约束状态下的逆相变终止温度A_f。

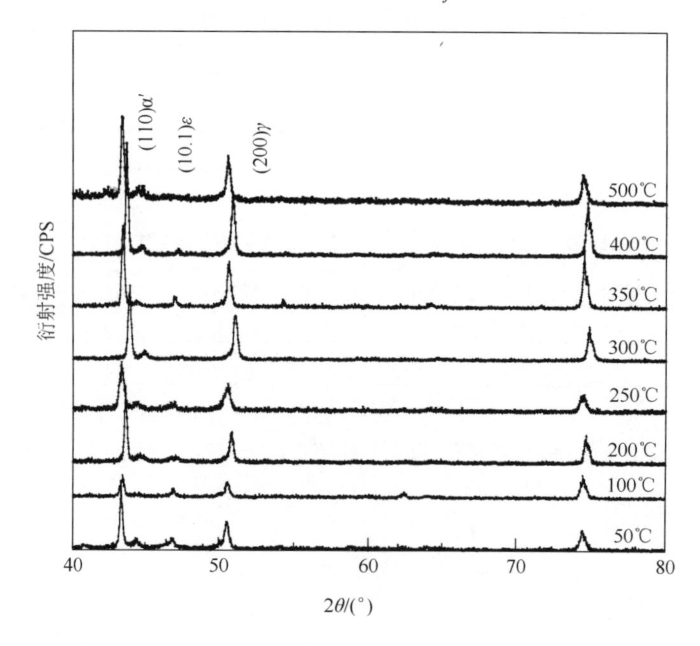

图4.2 预变形量4.73%约束态A合金试样在不同恢复温度下的X射线衍射图谱

表 4.2　恢复温度对预变形量 4.73%约束态 A 合金试样的γ、ε和α'相体积分数的影响

恢复温度/℃	ε 相体积分数/%	γ 相体积分数/%	α' 相体积分数/%
50	21.89	76.77	1.34
100	17.98	80.78	1.24
250	11.62	87.29	1.59
350	9.41	88.90	1.69
400	9.12	89.12	1.76
500	8.70	89.39	1.91

4.3　变形条件对约束态 Fe-Mn-Si 形状记忆合金应力诱发ε马氏体相变的影响

4.3.1　恢复温度对约束态 Fe-Mn-Si 形状记忆合金应力诱发ε马氏体相变的影响

根据 X 射线衍射图谱（图 4.1），采用直接比较法，可以计算出预变形量 4.73%非约束态 A 合金试样的γ、ε和α'相体积分数，如图 4.3 所示。从图中可以看出，恢复温度为 20℃时，ε马氏体体积分数为 22.51%，γ奥氏体体积分数为 74.29%，α'马氏体体积分数为 3.56%，恢复温度升至 50℃时，ε马氏体体积分数为 20.18%，γ奥氏体体积分数为 76.59%，α'马氏体体积分数为 3.23%，说明应力诱发$\gamma\rightarrow\varepsilon$马氏体逆相变的起始温度$A_s$不高于 50℃。

随着恢复温度的继续升高，ε马氏体的体积分数继续下降，γ奥氏体的体积分数则继续增加，表明在加热的过程中，应力诱发$\gamma\rightarrow\varepsilon$马氏体逆相变在不断进行。当温度继续上升至 250℃时，ε马氏体体积分数下降为 0，温度升至 500℃时，ε马氏体的体积分数没有再发生变化。试验表明，在非约束状态下 A 合金试样的应力诱发$\gamma\rightarrow\varepsilon$马氏体逆相变的终止温度$A_f$较低，起始温度$A_s$与终止温度$A_f$之间的温度区间$(A_f\sim A_s)$较窄。

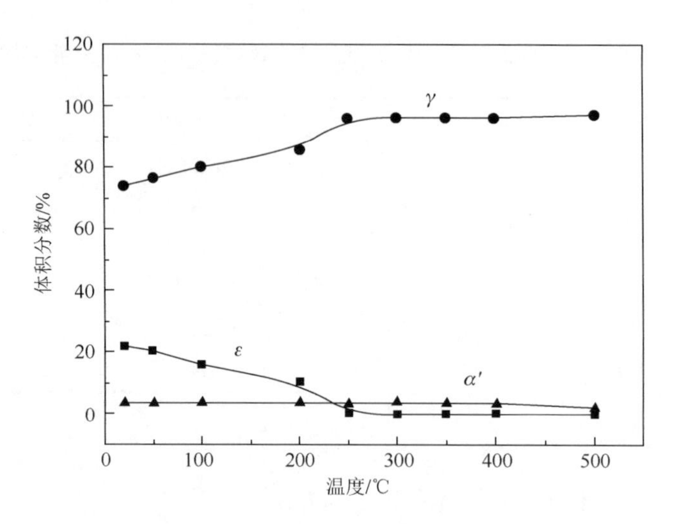

图 4.3　恢复温度对预变形量 4.73%非约束态 A 合金试样的 γ 、ε 和 α' 相体积分数的影响

图 4.4 为恢复温度对预变形量 4.73%约束态 A 合金试样的 γ 、ε 和 α' 相体积分数的影响。从图中可以看出，当温度为 20℃时，ε 马氏体体积分数为 22.51%，当温度为 50℃时，ε 马氏体体积分数为 21.89%，表明逆相变起始温度 A_s 不高于 50℃，也就是说相同预变形量下约束态与非约束态 A 合金试样应力诱发 $\gamma\rightarrow\varepsilon$ 马氏体逆相变的起始温度 A_s 差别不大。当恢复温度升至 300℃时，ε 马氏体体积分数减少和 γ 奥氏体体积分数增加的趋势都逐渐减缓。温度为 500℃时，试样中 ε 马氏体的体积分数仍然存在且为 8.7%，表明此时约束态 A 合金试样应力诱发 $\gamma\rightarrow\varepsilon$ 马氏体逆相变并没有结束，逆相变终止温度 A_f 在 500℃以上。

图 4.5 为恢复温度对预变形量 4.73%的非约束态与约束态 A 合金试样的 ε 相体积分数的影响。从图中可以看出，约束态 A 合金试样中 ε 马氏体量随温度升高减少的斜率明显低于非约束态，起始温度 A_s 与终止温度 A_f 的温度区间 (A_f～A_s) 大大拓宽。表明在周围约束介质水泥的作用下，A 合金试样的应力诱发 $\gamma\rightarrow\varepsilon$ 马氏体逆相变更加困难，需要更多的相变驱动力。其原因是 Fe-Mn-Si 形状记忆合金在应力诱发 $\gamma\rightarrow\varepsilon$ 马氏体逆相变过程中，需要变形协调才能使逆相变顺利进行，非约束状态下表现出形状恢复，而在约束状态下，由于周围水泥基体的作用，使其变形协调不能顺利进行而产生恢复力，即逆相变变得困难。

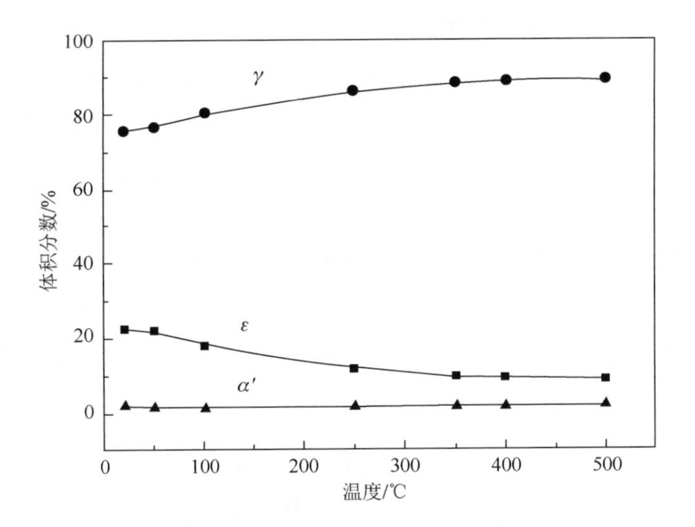

图 4.4　恢复温度对预变形量 4.73%约束态 A 合金试样的γ、ε和α′相体积分数的影响

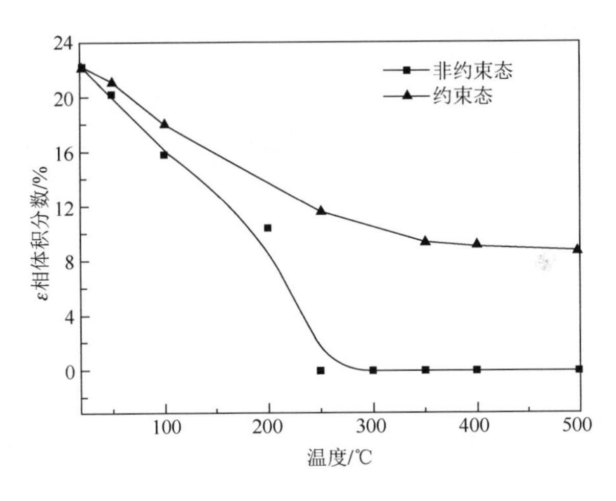

图 4.5　恢复温度对预变形量 4.73%的非约束态与约束态 A 合金试样的ε相体积分数的影响

4.3.2　预变形量对约束态 Fe-Mn-Si 形状记忆合金应力诱发ε马氏体相变的影响

图 4.6 为恢复温度对预变形量为 3.36%、4.73%和 7.94%约束态 A 合金试样ε马氏体体积分数的影响。从图中可以看出，当恢复温度由 20℃上升至 500℃时，预变形量 3.36%、4.73%、7.94%约束态 A 合金试样的ε马氏体体积分数下降速率分

别为 2.99%、2.88%、2.81%，说明预变形量越低，Fe-Mn-Si 形状记忆合金应力诱发$\gamma \rightarrow \varepsilon$马氏体逆相变进行得越快。导致预变形量 7.94%的约束态 A 合金试样较预变形量 3.36%和 4.73%的合金试样逆相变更加困难的原因有以下几个方面。

（1）预变形量越大，应力诱发ε马氏体量越多，交叉穿越的机会也就越大。交叉处发生全位错滑移和位错增值的数量增多，不仅降低了应力诱发ε马氏体的逆转变量，同时也大大阻碍了 Shockley 不全位错的逆向运动，提高了应力诱发ε马氏体的稳定性，逆相变时需要更多的相变驱动力，即需要更高的温度才能发生ε马氏体逆相变，相变温度区间变宽。

（2）在变形过程中产生更多的α'马氏体不仅阻碍了应力诱发$\gamma \rightarrow \varepsilon$马氏体逆相变，而且提高了恢复母相$\gamma$奥氏体所需的驱动力。

（3）大变形引起了变形强化，其晶格拉长、挤紧、扭曲等位错缺陷及缠绕，增加了应力诱发$\gamma \rightarrow \varepsilon$马氏体逆相变的阻力。

因此，尽管大变形时应力诱发的ε马氏体量增多，但ε马氏体稳定性的提高和可逆性的降低，使得加热恢复时大变形量的合金试样中ε马氏体的逆转变速率低于小变形量时的逆转变速率。

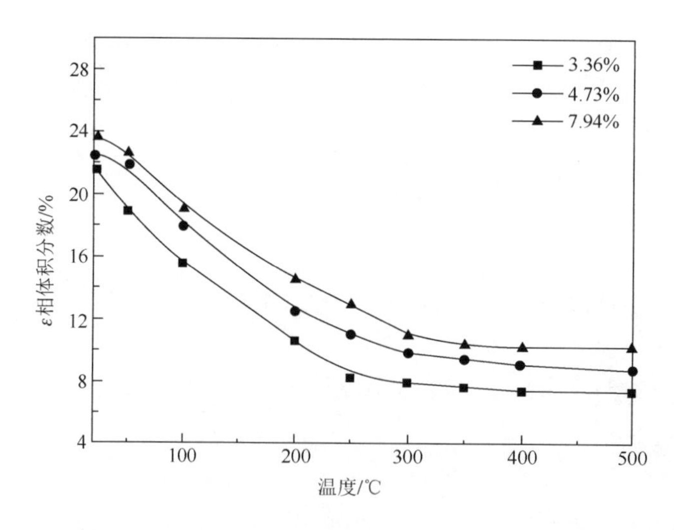

图 4.6　恢复温度对不同预变形量约束态 A 合金试样的ε相体积分数的影响

4.4　约束态 Fe-Mn-Si 形状记忆合金应力诱发ε马氏体逆相变的显微分析

众所周知，Fe-Mn-Si 形状记忆合金应力诱发$\gamma \rightarrow \varepsilon$马氏体相变及逆相变过程中将伴随着变形协调，且在宏观上表现出形状变化，即形状记忆效应。图 4.7 为 A 合金试样与水泥基体界面的扫描电子显微镜（scanning electron microscope，SEM）照片。从图 4.7 中可以清楚地看到，A 合金丝与水泥基体之间的界面结合良好，未发现空隙、空洞等缺陷，这也说明 A 合金丝与水泥基体之间具有良好的结合强度。在加热恢复过程中，A 合金试样受到水泥基体的约束而限制其应力诱发$\gamma \rightarrow \varepsilon$马氏体逆相变的变形协调，使其逆相变较非约束状态下所需的驱动力更大。

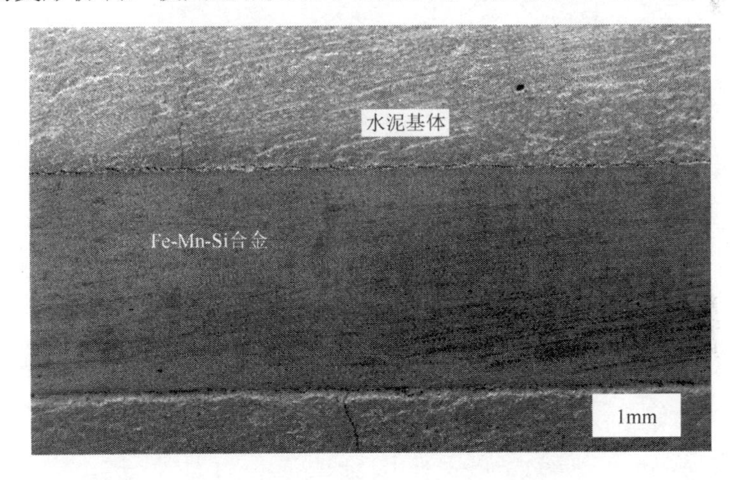

图 4.7　Fe-17%Mn-5%Si-10%Cr-5%Ni 合金试样与水泥基体界面的 SEM 照片

图 4.8 是预变形量 7.94%约束态与非约束态的 A 合金试样经过 350℃恢复退火后的金相组织。从图中可以看出，非约束态合金内部组织中已没有ε马氏体存在，组织比较均匀，说明应力诱发$\gamma \rightarrow \varepsilon$马氏体逆相变已完成，这与 X 射线衍射图谱的结果相一致（图 4.1），而约束态合金试样中的ε马氏体数量明显比非约束态多。

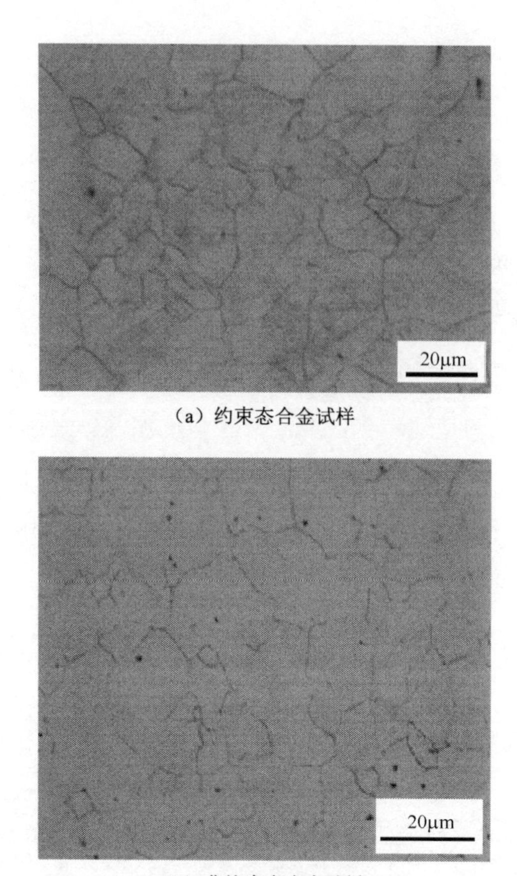

（a）约束态合金试样

（b）非约束态合金试样

图 4.8　预变形量 7.94%A 合金试样经 350℃恢复退火后的金相组织

图 4.9 是预变形量 4.73%约束态 A 合金试样分别在 250℃、400℃恢复退火后的显微组织。从图 4.9（a）中可以看出，白色基体为母相γ奥氏体，在基体上分布着数量不同的ε马氏体片，如图 4.9（a）中 A 区域为边界平直、尺寸细小及取向单一的针状ε马氏体片，且大多数的ε马氏体片都贯穿整个晶粒，加热恢复时发生应力诱发$\gamma \rightarrow \varepsilon$马氏体逆相变，这是合金呈现形状记忆效应的本质原因。图中 B 区域为交叉的α'马氏体，α'马氏体为体心正方结构，在加热恢复时不会发生逆相变，阻碍了合金试样的形状恢复，是合金试样形状记忆效应下降的一个重要因素。经过 250℃恢复退火后，约束态合金试样中残余的ε马氏体数量仍然比较多，说明应力诱发$\gamma \rightarrow \varepsilon$马氏体逆相变程度较低。图 4.9（b）是约束态的 A 合金试样经过

400℃恢复退火后的金相组织，与图 4.9（a）相比，ε 马氏体数量已经明显减少，说明随着恢复温度的升高，应力诱发$\gamma \rightarrow \varepsilon$ 马氏体逆相变不断进行，ε 马氏体数量不断减少。

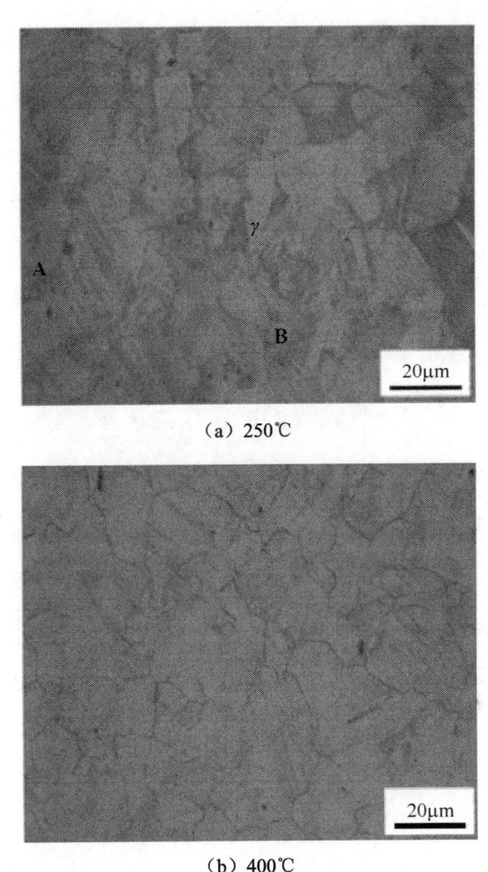

（a）250℃

（b）400℃

图 4.9　预变形量 4.73%约束态 A 合金试样经 250℃和 400℃恢复退火后的金相组织

4.5　约束态 Fe-Mn-Si 形状记忆合金应力诱发ε马氏体逆相变温度 A_f 提高的原因

水泥基体约束下的 A 合金应力诱发$\gamma \rightarrow \varepsilon$ 马氏体逆相变终止温度 A_f 的升高，可以从以下两个方面进行解释。

一方面对含有预变形 Fe-Mn-Si 形状记忆合金水泥梁进行加热时，ε 马氏体在逆相变开始温度 A_s 以上向母相 γ 转变，由于水泥基体的约束作用，抑制了逆相变所必须的变形协调，并产生了恢复力。恢复力的产生阻碍了 A 合金应力诱发 $\gamma \rightarrow \varepsilon$ 马氏体逆相变时面心立方 fcc(γ)/密排六方 hcp(ε)界面的运动，且恢复力对 ε 马氏体所做的功消耗了部分 ε 马氏体中的弹性应变能，使两相化学自由能差 $\Delta G^{\varepsilon\rightarrow\gamma}$ 增大。因此，若要达到应力诱发 $\gamma \rightarrow \varepsilon$ 逆相变的临界驱动力则需要较高的温度来产生较大的逆相变化学驱动力来满足临界条件，即应力诱发 $\gamma \rightarrow \varepsilon$ 马氏体逆相变终止温度 A_f 升高，约束态相变温度区间 $(A_f \sim A_s)$ 被拓宽。

另一方面，对于约束态 Fe-Mn-Si 形状记忆合金，当外界应力（应变）作用于合金时，具有择优取向的马氏体变体会沿 Schmid 因子的最大方向吞并取向不利的马氏体变体而优先长大，并且吸收局部能量作为机械驱动力，不仅促进了应力诱发 $\gamma \rightarrow \varepsilon$ 马氏体逆相变的进行，而且减缓了相邻晶粒间的应力集中。马氏体变体间的相互吞并以及变体数量和马氏体界面的减少，都有效地松弛了储存在马氏体变体中的弹性应变能，降低了马氏体逆相变的驱动力，进一步增大了摩擦耗能，使得约束态 ε 马氏体逆相变终止温度较非约束态高，拓宽了整个约束态逆相变温度区间 $(A_f \sim A_s)$。然而对于非约束态合金逆相变来说，晶粒只沿晶界方向受力，在加热恢复过程中，应力诱发 $\gamma \rightarrow \varepsilon$ 马氏体逆相变所需的驱动力不变，其逆相变终止温度 A_f 也不会改变，因而其逆相变终止温度 A_f 较低，相应的逆相变温度区间 $(A_f \sim A_s)$ 也较窄。

4.6 本 章 小 结

通过 X 射线衍射测量，采用 X 射线衍射分析的直接比较法对应力诱发 $\gamma \rightarrow \varepsilon$ 马氏体逆相变试样中的 γ 奥氏体、ε 马氏体和 α' 马氏体进行定量的计算，并辅以扫描电镜及金相观察研究了不同预变形量的 Fe-Mn-Si 形状记忆合金在水泥基体约束状态下应力诱发 ε 马氏体的逆相变特征，并与非约束状态下的 Fe-Mn-Si 形状记忆合金进行比较，研究结果表明如下。

（1）非约束状态的 Fe-17%Mn-5%Si-10%Cr-5%Ni 合金应力诱发$\gamma \to \varepsilon$马氏体逆相变的起始温度A_s不高于 50℃，终止温度A_f也不高于 250℃，起始温度A_s与终止温度A_f的温度区间(A_f～A_s)较窄，而且随预变形量的增加，逆相变终止温度A_f升高，起始温度A_s基本不变。

（2）水泥基体约束的 Fe-17%Mn-5%Si-10%Cr-5%Ni 合金应力诱发$\gamma \to \varepsilon$马氏体逆相变的起始温度A_s低于 50℃，终止温度A_f升高，起始温度A_s与终止温度A_f之间的温度区间(A_f～A_s)有所拓宽。在同样的恢复温度下，应力诱发$\gamma \to \varepsilon$马氏体逆相变持续时间较长，速率较慢，同时随着预变形量的增加，应力诱发ε马氏体的逆转变量减少，逆相变温度区间(A_f～A_s)增宽。

（3）在约束状态下，水泥基体对 Fe-Mn-Si 形状记忆合金逆相变变形协调的抑制，是其逆相变困难、相变终止温度A_f提高的主要原因。

第5章　基于约束恢复的 Fe-Mn-Si 形状记忆合金防松螺栓研究

5.1　引　　言

Fe-Mn-Si 形状记忆合金具有单程形状记忆效应，主要应用于约束恢复的场合，螺纹防松就是其中应用之一。至今，对 Fe-Mn-Si 形状记忆合金螺纹连接防松方面的研究大都集中于防松螺母[196-198]，而基于 Fe-Mn-Si 形状记忆合金约束恢复的防松螺栓研究还未见报道。

Fe-Mn-Si 形状记忆合金在约束条件下的应变恢复特性是设计、制造和使用防松螺栓的基础，将其应用于螺栓防松连接是一个崭新的课题。本章拟从螺栓的防松机理、制造工艺等方面着手研究 Fe-Mn-Si 形状记忆合金防松螺栓，通过计算、测试螺栓的静态、动态防松指标和重复使用性能等，对该新型螺纹连接的防松性能做出综合评价。

5.2　Fe-Mn-Si 形状记忆合金螺栓的防松机理及其防松力矩计算

5.2.1　Fe-Mn-Si 形状记忆合金的螺栓防松机理

众所周知，螺纹连接时相互配合的螺纹牙之间存在一定的啮合间隙[199]，因为螺母端面与被连接件间存在摩擦，所以在静载荷和工作温度变化不大的情况下，螺纹拧紧后不会自动松脱。但在冲击、振动或变载荷的作用下，螺母与螺栓之间由于发生不同频率的振动，使得螺旋副间的摩擦力急剧下降或瞬时消失，破坏螺旋副自锁条件，导致螺纹连接失效。

本章利用 Fe-Mn-Si 形状记忆合金在约束状态下的应变恢复特性，将螺栓外螺纹加工成略大于螺母内螺纹的尺寸，然后拉伸变形至标准螺栓外螺纹的尺寸。按预紧力矩拧紧后，对螺栓进行加热。经轴向拉伸预变形的螺栓，加热后发生轴向恢复而产生轴向恢复力，该轴向恢复力可转化为螺旋副间的自锁摩擦力矩以防止螺纹副之间发生相对转动，进而达到防松的目的。同时，在拧紧的过程中，螺栓螺纹牙由于受到弯曲应力的作用而产生应力诱发 ε 马氏体，当螺栓加热到 A_s 点（ε 马氏体向 γ 奥氏体转变的开始温度）时，应力诱发 ε 马氏体会发生逆相变，螺纹牙的弯曲变形就会恢复，但因受到螺母螺纹牙的约束，会产生一个轴向恢复力，其螺栓轴向恢复力示意图如图 5.1 所示，该恢复力也可以转化为自锁摩擦力矩而起到防松的作用。另外，螺栓在加热后发生的径向尺寸恢复（变大），由于受到螺母的约束作用将产生径向恢复力（图 5.2），进一步起到防松作用。

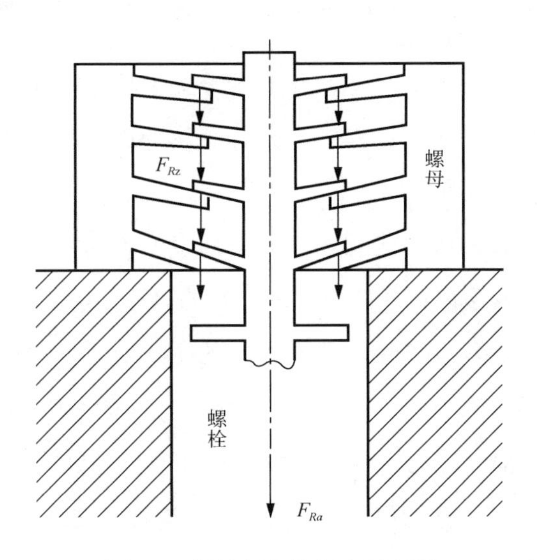

图 5.1　螺栓轴向恢复力示意图

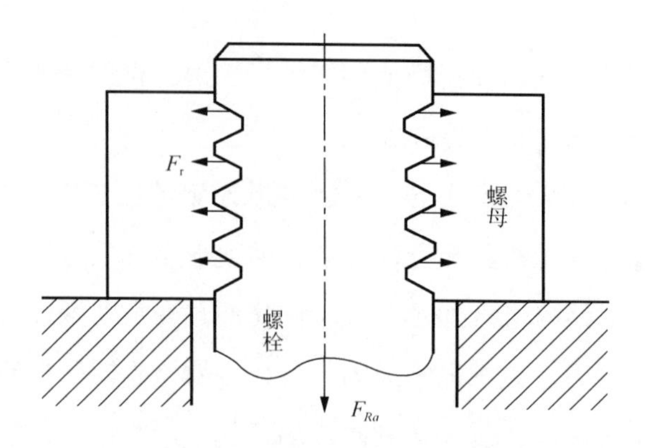

图 5.2　螺栓径向恢复力示意图

基于以上 Fe-Mn-Si 形状记忆合金螺栓的防松原理，制订的防松螺栓组件加工工艺流程，如图 5.3 所示。

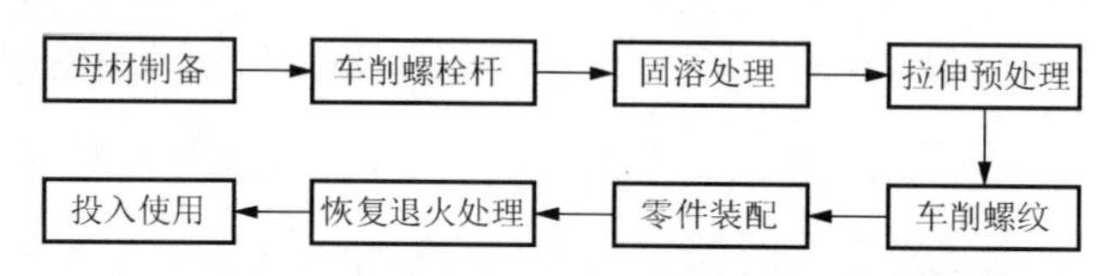

图 5.3　Fe-Mn-Si 形状记忆合金防松螺栓加工工艺流程图

（1）车削螺栓杆：将 A 合金圆料车削成略大于标准尺寸的螺栓杆。

（2）固溶处理：将车削好的螺栓杆进行固溶处理，消除切削加工过程中对合金内部组织结构的影响。

（3）拉伸预处理：对螺栓进行不同预变形量的单向拉伸，使其发生应力诱发 $\gamma \rightarrow \varepsilon$ 马氏体相变，为这种新型螺栓实现更好的防松性能奠定了基础。

（4）车削螺纹：为了保证螺栓具有较好的防松效果，避免因切削加工过程中产生的过量切削热导致应力诱发 $\gamma \rightarrow \varepsilon$ 马氏体逆相变的发生，在切削过程中，应采取较低切削速度，同时使用渗透性、抗黏结性和散热性好的切削液进行冷却。

（5）零件装配：精确控制预紧力，进行螺栓连接。在这一过程中，螺栓的螺纹牙由于受到轴向预紧力而产生的弯曲应力作用，将发生应力诱发 $\gamma \rightarrow \varepsilon$ 马氏体相变。

（6）恢复退火处理：这一阶段是 Fe-Mn-Si 形状记忆合金螺栓形状记忆效应的实现阶段。

在一定的恢复温度下，预变形处理与零件装配中产生的应力诱发ε马氏体开始发生逆相变，宏观上呈现形状恢复；但螺栓由于受到螺母及其螺纹牙的约束，产生一定的轴向恢复力，该恢复力可以转化为螺纹面间的自锁摩擦力矩，进而达到防松的目的。这是普通螺栓所不具备的。

综上所述，经过上述加工处理后的 Fe-Mn-Si 形状记忆合金防松螺栓，在螺纹面间会增加一个轴向与径向的恢复应力，该恢复力可以转化为螺纹面间的自锁摩擦力矩，进而达到防松的目的。

5.2.2　Fe-Mn-Si 形状记忆合金螺栓自锁摩擦力矩的计算

在螺纹连接中，由于拧紧力矩 T 的作用，使螺栓和被连接件之间产生预紧力 F_0。由机械原理可知，对于普通螺栓，拧紧力矩 T 等于螺旋副间的摩擦阻力作用产生的自锁摩擦力矩 M_1 和螺母环形端面与被连接件（或垫圈）支撑面间的摩擦阻力作用产生的自锁摩擦力矩 M_2 之和[200]，即

$$T = M_1 + M_2 \tag{5.1}$$

螺旋副间的摩擦力矩为

$$M_1 = \frac{F_0 \cdot d_2}{2}\tan(\psi + \varphi_V) \tag{5.2}$$

螺母与支撑面间的摩擦力矩为

$$M_2 = \frac{1}{3} f_c \cdot F_0 \cdot \frac{D_0^3 - d_0^3}{D_0^2 - d_0^2} \tag{5.3}$$

将式（5.2）、式（5.3）代入式（5.1），得

$$T = \frac{1}{2} F_0 [d_2 \cdot \tan(\psi + \varphi_V) + \frac{2}{3} f_c \cdot \frac{D_0^3 - d_0^3}{D_0^2 - d_0^2}] \tag{5.4}$$

式中，F_0——螺栓中产生的预紧力；

φ_V——螺旋副的当量摩擦角，$\varphi_V = \arctan 1.155 f$（$f$ 为摩擦系数，无润滑时 $f \approx 0.1 \sim 0.2$）；

ψ——螺纹升角，$\psi = 1°42' \sim 3°2'$，$\tan\psi$ 的平均值在粗牙螺纹为 0.005，在细牙螺纹为 0.038，取其平均值为 $\tan\psi = 0.044$（$\psi = 2°30'$）[133]；

d_2——螺纹中径，$d_2 = 0.9d$；

f_c——螺母与支撑面间的摩擦系数，$f_c = 0.15$；

d_0——螺栓孔直径，$d_0 \approx 1.1d$；

D_0——螺母环形支撑面的外径，$D_0 \approx 1.5d$；

d——螺纹的公称直径。

将上述各参数代入式（5.4）中，整理后得

$$T \approx 0.198F_0d \tag{5.5}$$

根据 Fe-Mn-Si 形状记忆合金螺纹防松原理，Fe-Mn-Si 形状记忆合金防松螺栓在预紧、恢复退火后所产生的摩擦力矩共有三种，分别为预紧力产生的摩擦力矩 T_1、基于形状记忆效应的轴向恢复力矩 T_2 及径向恢复力矩 T_3。理论上各部分摩擦力矩的计算公式如下。

1. 预紧力产生的自锁摩擦力矩 T_1

与普通螺栓一样，由于预紧力 F_0 的作用而受到的自锁摩擦力矩（包括螺旋副间的摩擦阻力产生的自锁摩擦力矩和螺母环形端面与被连接件支撑面间的摩擦阻力产生的自锁摩擦力矩）T_1：

$$T_1 = 0.198 \times F_0 \times d \tag{5.6}$$

2. 轴向恢复力产生的自锁摩擦力矩 T_2

经过轴向拉伸预变形的 A 合金螺栓在加热恢复后会发生轴向的收缩（轴向可恢复应变），收缩的过程中因为受到螺母的约束作用会产生一轴向恢复力 F_{Ra}，恢复力产生的自锁摩擦力矩 T_2：

$$T_2 = 0.198 \times F_{Ra} \times d \tag{5.7}$$

另外，在螺纹连接预紧过程中，预紧力的作用使螺栓的螺纹牙受到弯曲应力而产生应力诱发 ε 马氏体，加热恢复时应力诱发 ε 马氏体发生逆相变，使约束态的螺栓产生恢复力 F_{Ry}。由于螺栓的螺纹牙比较细小，F_{Ry} 相对于 F_{Ra} 可以忽略。

3. 径向恢复力产生的自锁摩擦力矩 T_3

这部分摩擦力是由于拉伸后的 A 合金螺栓在加热恢复过程中同样会产生一个径向的膨胀（径向可恢复应变），膨胀过程中受到螺母的约束作用产生一个径向接触应力 σ_{Rr}，如图 5.4 所示。该 σ_{Rr} 可借助螺纹接触面间的过盈量进行计算[198]。

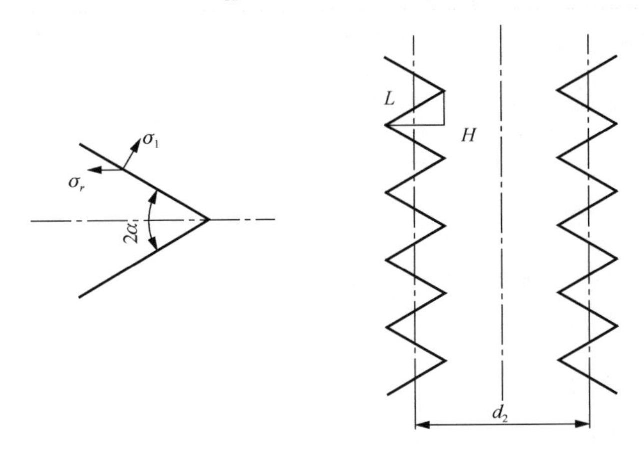

图 5.4　螺纹牙受力图

在恢复力作用下，螺纹面上的应力为

$$\sigma_1 = \sigma_{Rr} \times \sin\alpha \tag{5.8}$$

则螺纹面上的正压力为

$$N_1 = \sigma_1 \times S_1 \tag{5.9}$$

螺纹结合面的接触面积为

$$S_1 = L \times \sqrt{P^2 + (\pi \times d_2)^2} \times \frac{H_1}{P} \tag{5.10}$$

式中，$L = \dfrac{H}{\cos\alpha}$。因此，径向恢复力产生的摩擦力为

$$F = \mu_s' \times N_1 = \frac{\mu_s}{\cos\alpha'} \times N_1 \tag{5.11}$$

式中，α'——螺纹垂直截面的牙形半角，$\alpha' = \arctan(\tan\alpha \times \cos\psi)$。因此径向恢复力产生的自锁摩擦力矩为

$$T_3 = F \times \frac{d_2}{2} = \sigma_r \times \left[\frac{\mu_s}{\cos\alpha'} \times \sin\alpha \times \frac{H}{\cos\alpha} \times \sqrt{P^2 + (\pi \times d_2)^2} \times \frac{H_1}{P} \times \frac{d_2}{2} \right] \tag{5.12}$$

式中，H ——螺纹牙高；

H_1 ——螺母的高度；

P ——螺纹螺距；

α ——轴向截面的牙形半角；

μ' ——三角形螺纹面的当量静摩擦系数；

ψ ——螺纹升角。

对于螺纹接触面间的接触恢复应力[201]为

$$\sigma_{Rr} = \frac{\delta}{r_m[\frac{1}{E_n}(\frac{r_{\text{ne}}^2 + r_m^2}{r_{\text{ne}}^2 - r_m^2} + \mu) - \frac{\mu - 1}{E_b}] + 2\mu^2 r_m[\frac{r_m^2}{E_n(r_{\text{ne}}^2 - r_m^2)} - \frac{1}{E_b}]} \tag{5.13}$$

式中，δ ——新型螺纹接触面间加热恢复后产生的过盈量；

r_m ——螺纹啮合处的半径；

r_{ne} ——六角螺母的外径；

μ ——泊松比；

E_n ——螺母的弹性模量；

E_b ——螺栓的弹性模量。

综上分析可知，Fe-Mn-Si 形状记忆合金防松螺栓的防松摩擦力矩 T 可表示为

$$T = 0.8 \times (T_1 + T_3) + T_2 \tag{5.14}$$

5.3 Fe-Mn-Si 形状记忆合金螺栓的防松试验研究

通过前面的理论分析可知，Fe-Mn-Si 形状记忆合金防松螺栓的防松摩擦力矩较普通的螺栓来说，主要通过三个方面表现出来，即预紧力产生的摩擦力矩 T_1，轴向恢复力产生的摩擦力矩 T_2 和径向恢复力产生的摩擦力矩 T_3。

本节利用 Fe-Mn-Si 形状记忆合金的形状记忆效应及其在约束状态下的恢复特性，来消除螺纹牙间的间隙，通过静态防松性能、动态防松性能以及重复使用性能试验来说明用其制成螺栓的可行性与优越性并对其防松效果做出评价。

5.3.1 Fe-Mn-Si 形状记忆合金螺纹连接预紧力的确定

在实际应用中，绝大多数螺纹连接在装配时都必须拧紧，使连接在承受工作载荷之前，预先受到力的作用。这个预加作用力称为预紧力。预紧的目的在于增强连接的可靠性和紧密性，以防止受载后被连接件间出现缝隙或发生相对滑移。预紧力的上限应保证连接可靠贴合，上限由螺栓、螺母、被连接件强度决定[202]。

通常规定，拧紧后螺纹连接件的预紧应力不得超过被连接材料的屈服极限 σ_s 的 80%。由机械设计知识可知，合金钢螺栓的初始预紧力为

$$F_0 \leqslant (0.5 \sim 0.6)\sigma_s A_1 \tag{5.15}$$

式中，σ_s ——螺栓材料的屈服极限；

A_1 ——螺栓危险截面的面积，$A_1 \approx \dfrac{\pi \cdot d_1^2}{4}$；

d_1 ——螺纹小径。

现以 M6×18 的 A 合金螺栓连接 304 不锈钢为例（螺母材料为铸铁），计算初始预紧力 F_0。

由 GB 150.2—2011 查得，屈服极限为 $\sigma_s = 205\text{MPa}$。

将 $d_1 = 4.92\text{mm}$ 代入式 $A_1 \approx \dfrac{\pi \cdot d_1^2}{4}$ 得，$A_1 = 18.99\text{mm}^2$。

将 $\sigma_s = 205\text{MPa}$，$A_1 = 18.99\text{mm}^2$ 代入式（5.15）得

$$F_0 \leqslant 1946.32 \sim 2335.58\text{N}$$

适当选用较大的预紧力对螺纹连接的可靠性以及连接件的疲劳强度都是有利的，故选取 $F_0 = 2000\text{N}$。

5.3.2 Fe-Mn-Si 形状记忆合金螺纹连接预紧力矩的施加

预紧是在安装螺纹连接时将螺母拧紧，使连接受到一定的预紧力。对于一般连接，往往对预紧力不加控制，拧紧程度靠装配经验而定；对于重要连接，预紧

力必须用一定的方法加以控制，以满足连接强度、可靠性和密封性等要求。控制预紧力的方法很多，通常是借助测力矩扳手利用控制拧紧力矩的方法来控制预紧力及测量各力矩[203]。力矩扳手采用不锈钢材料制成，相关参数如表 5.1 所示。

表 5.1　力矩扳手参数

截面宽度 b/mm	截面高度 h/mm	弹性模量 E/GPa	抗弯模量 W/mm^3
5.30	7.76	195	53.19

本章使用的力矩扳手加力后的弯矩如图 5.5 所示。由力平衡关系，螺母所受扭转力矩 T 应与扳手 0-0 截面弯矩 M_0 相等。在扳手上取定等间距的两截面 1-1、2-2，相应弯曲为 M_1、M_2，则有

$$T = M_0 = 2M_1 - M_2 = EW(2\varepsilon_1 - \varepsilon_2) \tag{5.16}$$

式中，E——扳手材料的弹性模量；

W——扳手材料的抗弯截面系数；

ε_1——扳手 1-1 截面上侧（或下侧）面纵向应变；

ε_2——扳手 2-2 截面上侧（或下侧）面纵向应变。

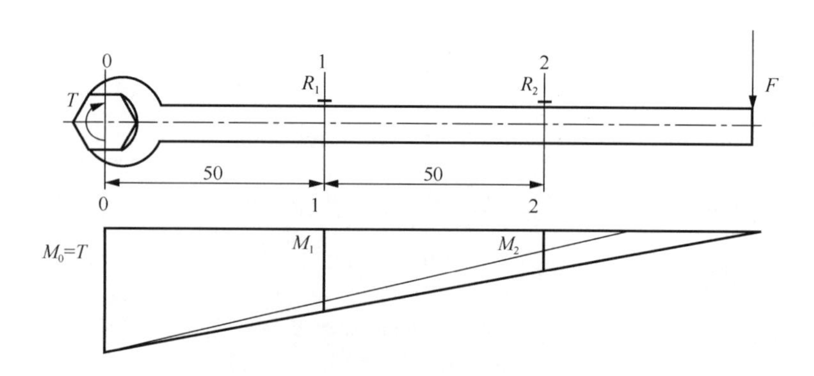

图 5.5　力矩扳手加力后的弯矩图

当力 F 作用于 2-2 截面右侧的任一点时，在保持拧紧力矩不变的情况下，虽然 M_1、M_2 的值有变化，但仍有式 $T = 2M_1 - M_2$ 的关系，也就是说，测定螺栓预紧力 F_0 时，将不受力 F 加力点位置的影响。

5.3.3　Fe-Mn-Si 形状记忆合金螺栓防松摩擦力矩与预紧力矩关系的验证

由螺纹力学的有关知识可知[204]，在静态载荷作用下，普通螺纹连接的防松摩擦力矩公式为

$$T = \frac{1}{2}F_0[d_2 \cdot \tan(\varphi_V - \psi) + \frac{2}{3}f_c \cdot \frac{D_0^3 - d_0^3}{D_0^2 - d_0^2}] \tag{5.16}$$

式（5.16）中各参数取值与式（5.4）相同，则

$$T = 0.156 \times F_0 \times d \tag{5.17}$$

因此，防松摩擦力矩 T 与预紧力矩 T_1 之比为

$$\frac{T}{T_1} = 0.8 \tag{5.18}$$

也就是说，普通螺纹连接其防松摩擦力矩一般为预紧力矩的 80%。对于 Fe-Mn-Si 形状记忆合金螺纹连接，尽管改变了螺栓的材料，但其防松摩擦力矩是否也为预紧力矩的 80%，下面通过试验予以证明。

试验方法：常温下，借助于测力矩扳手将 A 合金螺栓与普通螺栓各 3 组分别与螺母配合，控制预紧力为 2000N，利用电测法测定防松摩擦力矩 T 与预紧力矩 T_1。试验数据见表 5.2。

表 5.2　A 合金试样螺栓和普通螺栓常温下的预紧力矩和防松摩擦力矩

测量次数	A 合金试样螺栓			普通螺栓		
	预紧力矩 T_1 /N·m	防松摩擦力矩 T/N·m	$\frac{T}{T_1}$ /%	预紧力矩 T_1 /N·m	防松摩擦力矩 T/N·m	$\frac{T}{T_1}$ /%
1	2.37	1.86	78.48	2.32	1.84	79.31
2	2.35	1.96	83.40	2.37	1.93	81.43
3	2.34	1.91	81.62	2.34	1.89	80.77
平均值	2.35	1.91	81.17	2.34	1.89	80.50

从表 5.2 中的试验数据可以看出，常温下，A 合金螺栓与普通螺栓的防松摩擦力矩 T 与预紧力矩 T_1 的比值基本均符合 0.8 倍的关系。

5.3.4 Fe-Mn-Si 形状记忆合金螺栓的静态防松性能

1. 试验步骤

（1）用测力矩扳手将预变形量 5%、6%、7%的 A 合金螺栓（各 5 组）以及普通螺栓分别于普通螺母配合在一起，控制预紧力的大小为 2000N。

（2）对 A 合金螺栓组分别进行恢复退火，退火温度分别为 200℃、250℃、300℃、400℃、500℃，并保温 10min。

（3）用测力矩扳手松动螺栓组，测得松动力矩。

2. 试验结果与分析

图 5.6 为不同恢复温度下不同预变形量的 A 合金螺栓的防松摩擦力矩。从图中可以看到，相同预变形量的螺栓，随着恢复温度的升高，防松摩擦力矩逐渐增大，恢复温度低于 250℃时，防松摩擦力矩增加较为缓慢，当恢复温度为 250～300℃范围时，增加幅度最大，而 300～500℃时，增加幅度减缓而趋于最大值。

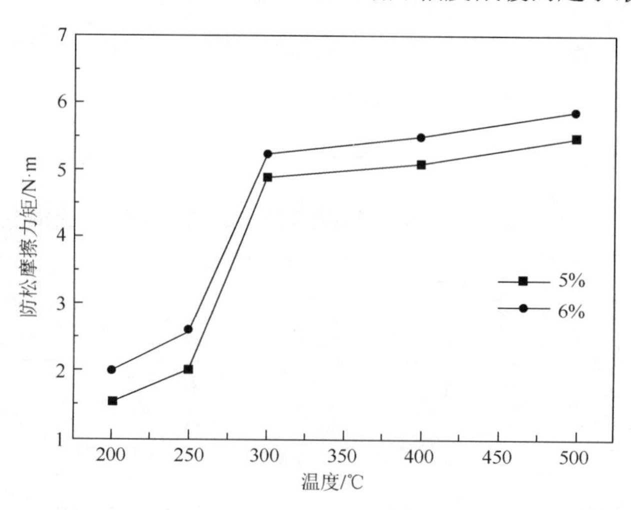

图 5.6 恢复温度对不同预变形量的 A 合金试样螺栓的防松摩擦力矩的影响

以上结果表明，随着恢复温度的升高，A 合金试样内部发生应力诱发 $\gamma \rightarrow \varepsilon$ 马氏体逆相变，恢复温度低于 250℃时，由于恢复温度较低，逆相变驱动力较小，不能满足绝大多数ε马氏体逆相变的要求，应力诱发$\gamma \to \varepsilon$马氏体逆相变的速度较慢，恢复力增加也较慢，从而导致防松摩擦力矩增加较为缓慢；当恢复温度上升至 250～300℃时，相变驱动力已满足大部分ε马氏体发生逆相变的需要，逆相变的速率较快，恢复力增加也随之加快，这也符合 Fe-Mn-Si 形状记忆合金在恢复中期相变的特点[132]；随着恢复温度的继续升高，只有少数ε马氏体没有转变且稳定，应力诱发$\gamma \to \varepsilon$马氏体逆相变较慢，最终导致防松摩擦力矩增加幅度减缓而趋于最大值。

从图 5.6 中还可以看到，300～500℃加热恢复时，预变形量 6%的防松摩擦力矩比预变形量 5%大。很明显，Fe-Mn-Si 形状记忆合金螺栓的防松摩擦力矩取决于合金的恢复力，根据以前的研究结果[189]，预变形量 6% A 合金试样的恢复力大于预变形 5%的恢复力，其原因有两个方面：一是预变形 6%的合金应力诱发ε马氏体的数量较多；二是较大的预变形在应力诱发$\gamma \to \varepsilon$马氏体相变的同时强化了母相。

表 5.3 为预变形量 5%的 A 合金试样螺栓防松摩擦力矩的三个来源。从表 5.3 中可以看出，相同变形量下，随着恢复温度的增加，防松摩擦力矩 T 逐渐增大，轴向摩擦力矩T_2与径向摩擦力矩T_3也随之增大。

表 5.3　预变形量 5%的 A 合金试样螺栓防松摩擦力矩的三个来源

恢复温度/℃	预紧力矩 T_1/N·m	防松摩擦力矩 T/N·m	轴向摩擦力矩 T_2/N·m	径向摩擦力矩 T_3/N·m	$\frac{0.8T_1}{T}$/%	$\frac{0.8T_2}{T}$/%	$\frac{T_3}{T}$/%	$\frac{T}{0.8T_1}$/%
300	2.35	4.89	2.87	0.71	38.45	46.95	14.60	260.11
400	2.29	5.09	3.02	0.84	35.99	47.47	16.54	277.84
500	2.31	5.49	3.34	0.97	33.66	48.67	17.67	297.08

由表 5.3 中数据可以看到，经 300℃恢复后，A 合金试样螺栓的防松摩擦力矩 T 是普通螺栓的防松摩擦力矩（$0.8T_1$）的 2.6 倍，而经 500℃时 A 合金试样螺栓的防松摩擦力矩是普通螺栓的防松摩擦力矩的 2.97 倍。随着恢复温度的提高，A 合金试样螺栓的轴向恢复力产生的摩擦力矩T_2和径向恢复力产生的摩擦力矩T_3逐渐升高。另外，A 合金试样螺栓的防松摩擦力矩比普通螺栓的提高量是相同处理条

件下 A 合金试样螺母[172]的防松摩擦力矩比普通螺栓的提高量 1.74 倍，可见 Fe-Mn-Si 形状记忆合金螺栓具有更高的防松性能。

表 5.4 为恢复温度 500℃时 5%、6%、7%预变形量下 A 合金螺栓防松摩擦力矩的三个来源。由表可见，预变形量 7%下 A 合金螺栓的防松效果最好，而预变形量 5%的最差，表明在一定范围内，A 合金试样螺栓的防松效果随着预变形量的增加而增加。

表 5.4 恢复温度 500℃时预变形量 5%、6%、7%的 A 合金试样螺栓防松摩擦力矩的三个来源

预变形量	预紧力矩 T_1 /N·m	防松摩擦力矩 T/N·m	轴向摩擦力矩 T_2 /N·m	径向摩擦力矩 T_3 /N·m	$\frac{0.8T_1}{T}$ /%	$\frac{0.8T_2}{T}$ /%	$\frac{T_3}{T}$ /%	$\frac{T}{0.8T_1}$ /%
5%	2.31	5.49	3.34	0.97	33.66	48.67	17.67	297.08
6%	2.29	5.89	3.75	1.06	31.10	50.93	17.96	321.51
7%	2.29	6.51	4.37	1.18	28.14	53.70	18.16	355.35

5.3.5 Fe-Mn-Si 形状记忆合金螺栓的动态防松性能

在静载荷条件下，螺栓只受到轴向载荷作用，由于螺纹升角的作用，螺纹副会产生自锁力矩。一般情况下在没有附加扭矩的情况下连接是不会松动的，但在变载荷、振动和冲击的条件下，螺栓则很容易出现松动[205]。而大部分螺栓都是用于有振动和冲击的场合，其中横向的振动与冲击是使螺纹连接发生松动的最主要原因。因此，紧固件的横向振动试验就显得尤为重要。

用于评价紧固件的防松性能的试验方法主要有三种：地脚螺栓试验法、套筒横向冲击法和横向振动试验法。中国于 2008 年 8 月 25 日发布了国家标准《紧固件横向振动试验方法》(GB/T 10431—2008)，对紧固件横向振动试验进行了规范。

紧固件横向振动试验是一种评定螺纹紧固件在特定条件下的防松性能的方法。试验时，对试件进行对比试验，无绝对定量指标。

1. 试验原理

试验在紧固件横向振动试验机上进行。将被试紧固件拧紧在试验装置上，使之产生一定的夹紧力。借助于试验机在被夹紧的两金属板之间产生的交变横向位移，使连接产生松动，导致夹紧力减小，甚至完全丧失。利用应变式传感器判断螺栓连接是否失效，记录下每次预订时间振动后的松动力矩，根据记录数据的对比判定紧固件的防松性能。在试验过程中，松动力矩减小得越慢，防松性能越好；松动力矩减小得越快，防松性能越差。

2. 横向振动的动力学模型

横向振动试验机其横向振动动力的主要是由电机及其机械装置来提供的，因此振动试验机对于振动幅值、频率、波形的控制都不方便[206]。本试验所用的试验机则采用伺服阀控液压缸来作为系统的动力机构，提供加载力，并用计算机进行实时控制。试验台的横向振动系统的动力学模型，如图 5.7 所示。

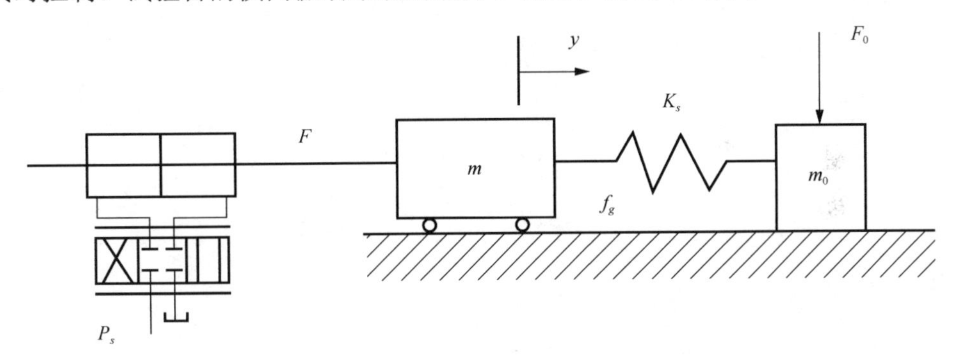

图 5.7　横向振动试验系统的动力学模型

从图 5.7 中可以看出，m 为动力机构的等效运动质量，K_s 为试件（主要是螺栓）的等效刚度，m_0 为试件的等效运动质量，F_0 为试件（紧固件螺纹副）的预紧力，f_g 为与试件横向振动有关的摩擦力。

设系统的指令信号为正弦波，由图 5.7 可得动力机构的负载力平衡方程：

$$F = ma + f_g + F_1$$

式中，F_1——试件产生的负载干扰力。

因此，当试件所受的横向载荷小于摩擦载荷时，试件所受的横向加载力成正弦波变化，此时试件处于弹性变形阶段；当试件所受的横向载荷等于摩擦载荷时，其受力将不再增加，此时试件处于滑动阶段。随着振动时间的不断加长，试件从弹性变形阶段进入滑动阶段，最后发生失效破坏。

3. 试验校核

当预夹紧力完全丧失时，螺栓将受到剪切力的作用。如果剪切惯性力过大，则可能导致螺栓发生剪切破坏，而发生危险，造成试验事故。因此，必须对其进行校核，以保证试验安全。

螺栓杆的剪切强度条件如下：

$$\begin{aligned}\tau &= \frac{F}{\frac{\pi}{4}d_0^2} \leqslant [\tau] = \frac{\sigma_s}{S_\tau} \\ &= \frac{ma}{\frac{\pi}{4}d_0^2} \\ &= \frac{1.5\times 20}{\frac{3.14}{4}\times(4.917\times10^{-3})^2} \\ &= 1.6\text{MPa} \leqslant \frac{205\text{MPa}}{1.5} = 136\text{MPa}\end{aligned}$$

式中，F——螺栓所受的工作剪力，N；

d_0——螺栓剪切面的直径（可取为螺栓孔的直径），mm；

$[\tau]$——螺栓材料的许用切应力，MPa；

S_τ——安全系数，1.5。

因此，当预夹紧力完全丧失时，螺栓受到的剪切力不会导致螺栓发生剪切破坏而发生危险，试验系统安全。

4. 试验条件

为了使试验结果具有可比性，应选择在相同的试验条件下进行[207]。需要确定的试验条件，如表 5.5 所示。其中，试验在常温、常压、清洁的环境中进行。在装夹普通螺栓试件时，应在螺纹及支撑面上添加润滑剂，以免产生划伤螺纹和支撑面或因摩擦热产生焊死现象，影响试验结果的准确性。而在装夹 Fe-Mn-Si 形状记忆合金防松螺栓时，则在加热后将夹具及其螺栓连接的质量块一同放入润滑油中进行浸泡润滑。

表 5.5　试验条件

名称	参数
频率	12.5Hz
振幅	±1.5mm
预夹紧力	2000N
振动波形	正弦波
振动加速度	1g

5. 试验步骤

横向振动试验步骤如下。

（1）试验机调整。在空载条件下开动试验机，调整试验机振动频率为 12.5 Hz、振幅为±1.5 mm，振动波形为正弦波，振动加速度 1g，使之达到预定值。

（2）装夹试件。将普通螺栓直接用扭矩扳手按照预紧力 2000N 安装在试验机上进行振动试验；按相同预紧力将 A 合金试样螺栓进行装夹后，进行加热恢复处理，然后安装在试验机上进行振动测试，记录数据。

（3）按照预定时间对螺栓组进行振动测试，观察 LabVIEW 运行界面，防止螺栓发生完全失效的情况，试验结束后，拆卸螺栓并记录松动力矩。

6. 试验结果与分析

图 5.8 为振动时间对普通螺栓及预变形 5% A 合金螺栓松动力矩的影响。从图中可以看出，螺栓在受到横向载荷振动时，并非立即丧失预紧力，在初始振动时，A 合金试样螺栓松动力矩是普通螺栓的 2.6 倍，随着振动时间的增加，普通螺

栓和 A 合金试样螺栓的松动力矩都逐渐降低，当振动时间为 20min 时，A 合金试样螺栓松动力矩是普通螺栓的 3.2 倍，普通螺栓松动力矩下降幅度较大。

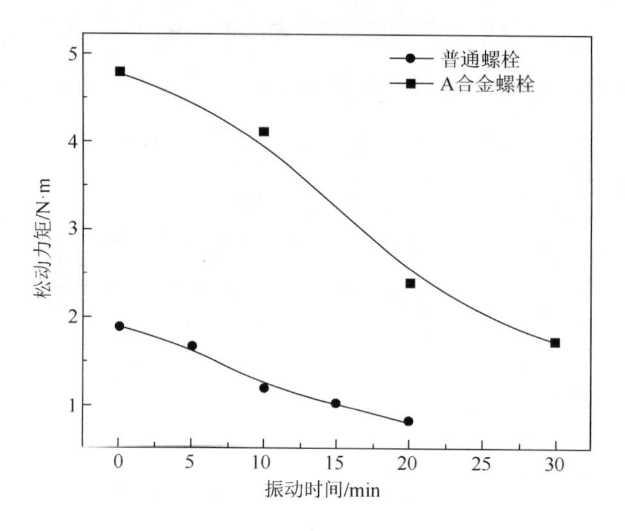

图 5.8　振动时间对普通螺栓及预变形 5%A 合金螺栓松动力矩的影响

与普通螺栓相比，A 合金试样螺栓动态防松性能提高的主要原因有以下几方面。

（1）恢复退火后，A 合金试样螺栓恢复消除了螺旋副间轴向间隙和径向间隙，有效防止在横向载荷（振动、冲击和荷载）作用下，螺母与螺栓之间产生不同频率的振动，避免螺旋副间自锁摩擦力矩下降而引起松动。

（2）恢复退火后螺栓轴向恢复，由于受到螺母的约束作用，产生轴向恢复力，该恢复力转化为螺纹副间的自锁摩擦力矩，抑制螺旋副相对转动。

（3）恢复退火后螺栓螺纹牙应力诱发 $\gamma \rightarrow \varepsilon$ 马氏体逆相变，由于受到螺母的约束，同样产生恢复力，消除了径向间隙，减少轴向载荷作用下螺纹牙接触面间反复弹性变形的程度。

（4）Fe-Mn-Si 形状记忆合金具有良好的阻尼减震特性，在横向载荷（振动、冲击和荷载）作用下，螺纹连接可以吸收部分能量，减少振动、冲击载荷的影响，达到防松的目的。

5.3.6 Fe-Mn-Si 形状记忆合金螺栓的重复使用性能

螺纹连接应用极广，其优势在于结构简单，装拆方便，使用时不受被连接材料的限制，重新使用时更不会因为前面的装拆而影响螺纹连接的使用和安装，即螺栓具有良好的重复使用性能。但由于 Fe-Mn-Si 形状记忆合金螺栓的防松性能是通过 Fe-Mn-Si 形状记忆合金应力诱发$\gamma \rightarrow \varepsilon$马氏体相变及其逆相变来实现的，一旦拆卸，螺栓由轴向、径向恢复力产生的摩擦力矩将消失，降低 Fe-Mn-Si 形状记忆合金螺栓重复使用时的防松性能。因此，如何在保证防松效果的基础上，使 Fe-Mn-Si 形状记忆合金螺栓可重复使用，是其实际应用中的一项重要课题。下面针对 Fe-Mn-Si 形状记忆合金螺栓的重复使用性能进行研究。

1. 重复使用性的可行性分析

由 Fe-Mn-Si 形状记忆合金螺栓防松机理的原理可知，这种新型螺栓的防松效果主要是通过合金轴向与径向的恢复力决定的。对于管接头连接来说，在满足装配要求的前提下，装配间隙应尽量小，这样在恢复力的作用下管接头与被连接件之间就有较大的过盈量[208]。因此，在不影响螺纹连接的情况下，Fe-Mn-Si 形状记忆合金螺栓恢复力的大小则取决于工作温度下螺母与螺栓之间的过盈量。Fe-Mn-Si 形状记忆合金形状恢复是通过在恢复退火温度下应力诱发ε马氏体的逆相变来实现的，形状恢复量主要取决于ε马氏体逆相变的数量，ε马氏体相变数量与温度之间的关系为[209,210]：

$$\xi = \exp\left[a_A(A_s - T) + b_A\sigma_e\right] \tag{5.19}$$

式中，ξ——逆相变过程中马氏体相的体积百分含量。

$$a_A = \frac{\ln(0.01)}{A_s - A_f}$$

$$b_A = \frac{a_A}{C_A}$$

其中，C_A——材料常数，表示A_s与应力的等效转换系数；

T——恢复退火温度；

σ_e——等效应力。

由式（5.19）可以看出，通过控制恢复退火温度来控制 Fe-Mn-Si 形状记忆合金 ε 马氏体逆相变的数量在理论上是可行的。因此，用其制成的防松螺栓是可以通过控制恢复退火温度来保证其重复使用性能的。

2. 试验步骤

鉴于以上的理论分析，现进行试验验证，步骤如下：

（1）用测力矩扳手将 A 合金试样螺栓与普通螺母按预紧力 2000N 拧紧。

（2）对螺栓组进行间隔退火温度为 50℃的恢复退火。

（3）每次恢复退火后，利用测扭矩扳手测试其防松摩擦力矩 T。

（4）用相同预紧力 F_0 重新拧紧，再进行恢复退火。

3. 试验结果与分析

图 5.9 为恢复温度对预变形量 5%的 A 合金试样螺栓及普通螺栓防松摩擦力矩与预紧摩擦力矩比值的影响。从图中可以看出，每次恢复退火后，A 合金试样防松摩擦力矩与预紧摩擦力矩比值（T/T_1）均大于 0.8，也就是说，每次恢复退火后，A 合金试样螺栓的防松效果均好于普通螺栓。原因主要有两个方面：

（1）螺栓的螺纹牙在预紧后由于受到弯曲应力的作用而产生应力诱发 $\gamma \to \varepsilon$ 马氏体相变，所以预紧—加热—卸载相当于一次“热机械循环训练”，在一定程度上对形状记忆效应起到促进作用，有效地增加了轴向自锁摩擦力矩。

（2）Fe-Mn-Si 记忆合金热滞比较大，当恢复温度低于 A_f 时，合金中的应力诱发 ε 马氏体总是发生不完全逆相变，所以在随后的重复恢复退火过程中，仍有应力诱发 ε 马氏体不断发生逆相变，由于螺母的约束，使螺栓产生轴向恢复力，有效地增加了轴向自锁摩擦力矩。

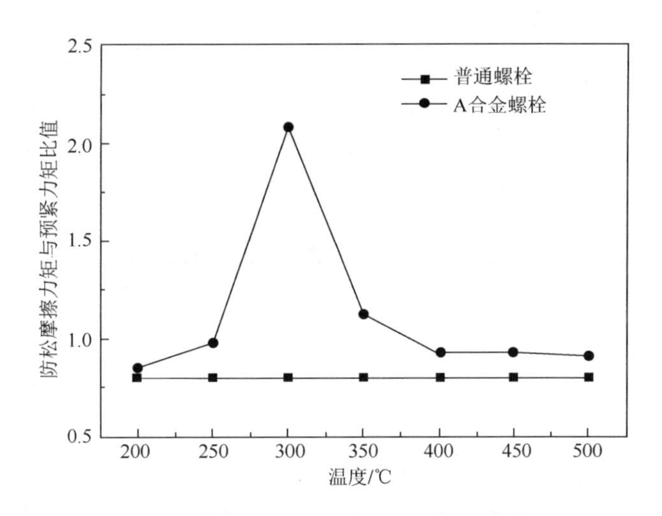

图 5.9　恢复温度对预变形量 5%的 A 合金试样螺栓及普通螺栓的防松摩擦力矩与预紧力矩比值的影响

结合表 5.3 可以看出，直接加热到 400℃时，A 合金试样螺栓防松摩擦力矩与预紧摩擦力矩比值（T_1/T_2）为 2.22，而从图 5.7 可以看出，从 200℃每隔 50℃重复加热直到加热到 400℃时，T/T_1 为 0.93，即直接加热时 A 合金试样螺栓的防松效果明显好于间隔 50℃重复加热。这是因为螺纹连接时螺纹牙接触面间存有过盈量，在第一次加热恢复退火后，由于恢复温度较低，应力诱发 ε 马氏体逆相变速率较慢，只有部分 ε 马氏体恢复，因此螺纹连接防松摩擦力矩的增加量很小。拆卸后，由恢复退火产生的自锁摩擦力矩将消失，当再次预紧、恢复退火后，仍能产生新的自锁摩擦力矩。对于直接加热来说，加热时恢复温度较高，A 合金内部发生应力诱发 $\gamma \rightarrow \varepsilon$ 马氏体逆相变较为充分，速率较快，螺栓防松摩擦力矩增加较大。

当冲击、振动载荷作用时，螺母与螺栓之间不发生松动的必要条件是紧固力矩至少为松动力矩的 1.25 倍，因此防松摩擦力矩与预紧力矩比值越大，其防松效果越好。

根据以上分析可知，影响 Fe-Mn-Si 形状记忆合金防松螺栓重复使用性能的因素很多，主要包括恢复退火温度、恢复退火次数、恢复温度间隔以及螺纹牙间隙等。

（1）对于螺纹连接精度要求较高、不需经常拆卸的应用场合，可根据具体情况，选择较大的恢复温度，使在恢复过程中由轴向恢复力所提供的防松摩擦力矩一次性达到最大。

（2）对于需经常拆卸的应用场合，根据螺纹连接的具体情况，将由恢复力所提供的防松摩擦力矩通过控制恢复退火温度、扩大恢复退火间隔等措施，分多次加到螺纹连接中，以保证各次防松摩擦力矩的增加量比较均匀。

5.4 本 章 小 结

本章结合 Fe-Mn-Si 形状记忆合金的约束恢复特性，对 Fe-Mn-Si 形状记忆合金防松螺栓的工作机理、静动态防松特性及重复使用性能进行了分析研究，主要结论如下。

（1）预变形后的 Fe-Mn-Si 形状记忆合金螺栓加热恢复退火后，在螺栓连接的螺纹面间产生了轴向恢复力和径向恢复力，这两部分恢复力均可转化为摩擦力矩，防止螺纹副之间发生相对转动，进而起到防松的作用。

（2）借助于弹性力学、螺纹力学等知识对 Fe-Mn-Si 形状记忆合金螺栓预紧力产生的自锁摩擦力矩、基于形状记忆效应的轴向和径向恢复力产生的自锁摩擦力矩进行了表征。

（3）通过静态防松试验研究了防松摩擦力矩的三个来源，对于预变形量 5%的 Fe-Mn-Si 形状记忆合金防松螺栓，随着恢复温度的升高，防松摩擦力矩、轴向摩擦力矩以及径向摩擦力矩均有所增加。当恢复温度为 500℃时，轴向摩擦力矩对防松摩擦力矩的贡献达到 48.67%，防松摩擦力矩是普通螺栓的 2.97 倍，是铁基形状记忆合金防松螺母的 1.74 倍。

（4）相同恢复温度下，对于不同预变形量的 Fe-Mn-Si 形状记忆合金防松螺栓，在一定的变形范围内，变形量越大，防松摩擦力矩 T 就越大，轴向摩擦力矩 T_2 和径向摩擦力矩 T_3 对防松摩擦力矩 T 的贡献也越大。

（5）通过动态防松性能的测试对 Fe-Mn-Si 形状记忆合金防松螺栓进行了分析研究，试验表明，在横向载荷（振动、冲击和荷载）作用下，Fe-Mn-Si 形状记忆合金螺栓的防松效果大大高于普通螺栓。

（6）通过重复使用性能的测试对 Fe-Mn-Si 形状记忆合金防松螺栓进行了分析研究，试验表明，控制 Fe-Mn-Si 形状记忆合金防松螺栓的恢复温度，既可以保证螺栓的防松性能，又可以提高该螺栓的重复使用性能。

参 考 文 献

[1] 李廷希. 功能材料导论[M]. 长沙：中南大学出版社, 2011.

[2] Xu P, Lin C X, Zhou C Y, et al. Wear and corrosion resistance of laser cladding AISI 304 stainless steel/Al_2O_3 composite coatings[J]. Surface and Coatings Technology, 2014, 238：9-14.

[3] Ganesh P, Kumar A V, Thinaharan C, et al. Enhancement of intergranular corrosion resistance of type 304 stainless steel through a novel surface thermo-mechanical treatment[J]. Surface and Coatings Technology, 2013, 232：920-927.

[4] Casati R, Passaretti F, Tuissi A. Effect of electrical heating conditions on functional fatigue of thin Ni-Ti wire for shape memory actuators[J]. Procedia Engineering, 2011, 10：3423-3428.

[5] Scirè Mammano G, Dragoni E. Functional fatigue of Ni-Ti shape memory wires under various loading conditions[J]. International Journal of Fatigue, 2014, 69：71-83.

[6] Santo L, Quadrini F, Accettura A, et al. Shape memory composites for self-deployable structures in aerospace applications[J]. Procedia Engineering, 2014, 88：42-47.

[7] Eggeler G, Hornbogen E, Yawny A, et al. Structural and functional fatigue of NiTi shape memory alloys[J]. Materials Science and Engineering：A, 2004, 378(1-2)：24-33.

[8] 张联盟, 程晓敏, 陈文. 材料学[M]. 北京：高等教育出版社, 2005.

[9] Miyazaki S, Otsuka K. Development of shape memory alloys[J]. ISIJ International, 1989, 29(5)：353-377.

[10] Wayman C M. On memory effect related to martensitic transformations and observation in β-brass and Fe3Pt[J]. Scripta Metall, 1971, 5(6)：489-492.

[11] Bondaryev E N, Wayman C M. Some stress-strain-temperature relationshi -ps for shape memory alloys[J]. Metall Trans, 1988, 19A：2047-2413.

[12] Urbona C, De la Flor S, Ferrando F. R-phase influence on different two-way shape memory training methods in NiTi shape memory alloys[J]. Journal of Alloys and Compounds, 2010, 490：499-507.

[13] Yang J H, Wayman C M. Development of Fe-based shape memory alloys associated with face-centered cubic-hexagonal close-packed martensitic transformation：Part Ⅲ Microstructures[J]. Metallurgical and materials transactions A, 1992, 23：1445-1454.

[14] Sato A, Chisima E, Yanaji Y, et al. Shape memory effect in γ↔ε transformation in Fe-30Mn-1Si alloys single crystals[J]. Acta Metall, 1982, 30：1177-1183.

[15] Zurbitu J, Castillo G, Urrutibeascoa I, et al. Low-energy tensile-impact behavior of superelastic NiTi shape memory alloy wires[J]. Mechanics of Materials, 2009, 41：1050-1058.

[16] Zurbitu J, Santamarta R, Picornell C. Impact fatigue behavior of superelastic NiTi shape memory alloy wires[J]. Materials Science and Engineering A, 2010, 528：764-769.

[17] Gang Z, Peter L. Design manufacture and evaluation of bending behaviour of composite beams embedded with SMA wires[J]. Composites Science and Technology, 2009, 69(13)：2034-2041.

[18] Rai D K, Yadav T P, Subrahmanyam V S. Structural and mossbauer spectroscopic investigation of Fe substituted Ti-Ni shape memory alloys[J]. Journal of Alloys and Compounds, 2009, 482：28-32.

[19] Arghavani J, Auricchio F, Naghdabadi R. An improved fully symmetric, finite-strain phenomenological constitutive model for shape memory alloys[J]. Finite Elements in Analysis and Design, 2011, 47：166-174.

[20] 蔡莲淑, 余业球, 黎沃光. 超弹性柱晶 CuAlNi 合金丝的弯曲疲劳[J]. 金属功能材料, 2006, 13(3)：14-16.

[21] 司乃潮, 赵培根, 徐桂芳, 等. CuZnAl 形状记忆合金框架结构减震计算机模拟[J]. 噪声与振动控制, 2007, (4)：22-25.

[22] Shakoor R A, Ahmad K F. Thermomechanical behavior of Fe-Mn-Si-Cr-Ni shape memory alloys modified with samarium[J]. Materials Science and Engineering A, 2009, 499：411-414.

[23] Kajiwara S. Characteristic feature of shape memory effect and related transformation behavior in Fe-Based alloys[J]. Materials Science and Engineering, 1999, A273-275：67-88.

[24] Otsuka H, Yanada H, Tanahashi H, et al. Shape memory effect in Fe-Mn-Si-Cr-Ni polycrystalline alloys[J]. Mater. Sci Forum, 1990, 56-58：655-660.

[25] Inagaki H. Shape memory effect of Fe-14Mn-6Si-9Cr-6Ni alloy polycrystals[J]. Metallkd, 1992, 83(2)：90-96.

[26] Maki T, Otsuka K. Ferrous shape memory alloys in shape memory materials[J]. Cambridge University Press, 1998：117-132.

[27] Sato A, Yamaji Y, Mori T. Physical properties controlling shape memory effect in Fe-Mn-Si alloys[J]. Acta Metall, 1986, 34：287-294.

[28] Li J, Wayman C M. Shape memory effect and related phenomena microalloyed Fe-Mn-Si alloy[J]. Mater Char, 1994, 32(2)：215-227.

[29] Sato A, Mori T. Development of a shape memory alloy Fe-Mn-Si[J]. Materials Science and Engineering, 1991, A416：179-204.

[30] Inagaki H. Transmission electron microscopy of the shape memory phenomena in Fe-14Mn-6Si-9Cr-6Ni alloy polycrystals[J]. Metallkd, 1992, 83(2)：97-104.

[31] Ogawa K, Kajiwara S. HREM study of stress-induced transformation structure in an Fe-Mn-Si-Cr-Ni shape memory alloy[J]. Mater Trans JIM, 1993, 34(12)：1169-1176.

[32] Dunne D P, Wayman C M. The effect of austenite ordering on the martensite transformation in Fe-Pt alloys near the composition Fe3Pt：I morphology and transformation characteristics[J]. Metall Trans, 1973, 4：137-140.

[33] Maki T, Kobayashi K, Tamura I. Effect of ausagine on the morphology of martensite in Fe-Ni-Ti-Co alloys[J]. Phsyique, 1982, 43(12)：541-545.

[34] 舟久保, 熙康. 形状记忆合金[M]. 千东范译. 北京：机械工业出版社, 1992.

[35] Jost N. Treatments of Fe-Ni-Co based austenites[J]. ICOMAT-89, Mater Sci Forum, 1990, 56-58：667-672.

[36] Enami K, Nanno S, Minato Y. Memory effect in Ni-36. 8at. pct al martensite[J]. Met Trans, 1971, 5(2)：1487-1490.

[37] Sato A, Chishima E, Yamaji Y, et al. Orientation and composition dependence of shape memory effect in Fe-Mn-Si alloys[J]. Acta Metall, 1984, 32(4)：539-547.

[38] 孟庆平，戎咏华，陈世朴. Fe-Mn-Si-Cr-Ni 形状记忆合金中应力诱发马氏体量的测定[J]. 上海交通大学学报, 2001, 35(3)：389-393.

[39] Lonaitis R R. Directly acting pipeline SM devices for nuclear power plants[C]. Proc. SMM'99, Materials Science Forum, 2000, 327-328：51-54.

[40] Jun J X, Hua Z J. Thermodynamic calculation of stacking fault energy in Fe-Mn-Si shape memory alloys[J]. Materials design, 2000, 21(6)：537-540.

[41] 文凡. 铁基形状记忆合金及其应用[J]. 金属功能材料, 1997, 6：186.

[42] 北京钢铁学院《中国冶金简史》编写小组. 中国冶金简史[M]. 北京：科学出版社, 1978.

[43] Watson R E, Bennett, et al. Model predications of valume contractions in transition- metal alloys and implications for Laves phase formation (11) [J]. Acta metal, 1984, 32：491- 502.

[44] 赵连城，蔡伟，郑玉峰. 合金的形状记忆效应与超弹性[M]. 北京：国防工业出版社, 2002.

[45] Bain E C, Dunkirk N Y. The nature of martensite [J]. Transaction of AIME, 1924, 70：25-46.

[46] Greniger A B, Troiano A R. The mechanism of martensite formation[J]. Transactions of AIME, 1949, 185：590-598.

[47] Wayman C M, Shimizu K. The shape memory('marmem') effect in alloys[J]. Metal Science Journal, 2013, 6(1)：175-183.

[48] 徐祖耀. 马氏体相变与马氏体[M]. 2 版. 科学出版社, 1999.

[49] Baruj A, Bertolino G, Troiani H E. Temperature dependence of critical stress and pseudoelasticity in a Fe–Mn–Si–Cr pre-rolled alloy[J]. Journal of Alloys and Compounds, 2010, 502：54-58.

[50] Brooks J W, Lovetto M H, Smallman R E. In-situ observations of the formation of martensite in stainless steel[J]. Acta Metall, 1979, 27：1829-1838.

[51] Matsumoto S, Sato A, Omori T. Formation of h. c. p and f. c. c. twins in an Fe-Mn- Si-Cr-Ni alloy[J]. Acta Metall, 1994, 42：1207-1213.

[52] Hoshino Y, Nakamura S, Ishikawa N, et al. In-situ observation of partial dislocation motion during transformation in a Fe-Mn-Si shape memory alloy[J]. Materials Transactions, JIM, 1992, 33(3)：253-262.

[53] 徐祖耀, 江伯鸿, 杨大智, 等. 形状记忆材料[M]. 上海：上海交通大学出版社, 2000.

[54] Olson G B, Cohen M. General mechansim of martensitic nucleation：part Ⅰ. FCC→HCP transformations[J]. Metall Trans, 1976, 7A：1897-191904.

[55] Cohen M, Olson G B, Harman H. Martensite and life[J]. Martensitic Transformations, 1982：855-865.

[56] Wayman C M, Li J. On the mechanism of the shape memory effect associated with γ(fcc) to ε(hcp) martensitic transformations in Fe-Mn-Si based alloys[J]. Scripta Metallurgica et Materialis, 1992, 27：279-284.

[57] 张修睦, 李依依. 铁基合金马氏体的形核与长大[J]. 金属学报, 1991, 27(3)：A179-185.

[58] 邵潭华, 严利民. 不锈铁基形状记忆合金记忆机制的研究[J]. 功能材料, 1994, 25(3)：219-223.

[59] Putaux J L, Cheralier J P. HREM study of self-accommodate thermal ε-martensite in an Fe-Mn-Si-Cr-Ni shape memory alloy[J]. Acta Metall, 1996, 44：1701-1716.

[60] 郭正洪, 戎咏华, 陈世朴, 等. Fe-Mn-Si 系形状记忆合金中热诱发ε马氏体的形成机制[J]. 上海交通大学学报, 1998, 32(2)：41-44.

[61] Fujita H, Ueda S. Stacking fault and FCC(γ) →HCP(ε) transformation in 1818 type stainless steel[J]. Acta Metall, 1972, 20：759-767.

[62] Bollmmann W. On the Phase Transformation of Cobalt[J]. Acta Metal, 1961, 9：972-975.

[63] Liu Q S, Ma Z H. The γ→ε-martensitic transformation and its reversion in the FeMnSiCrNi shape memory alloy[J]. Metall Trans, 1998, 29A：1579-1583.

[64] Yang J H, Wayman C M. Self-accommodation and shape memory mechanism of ε-martensite I：experimental observations[J]. Mater. Char, 1992, 28：23-37.

[65] Kikuchi T, Kajiwara S, Tomota Y. Microscopic studies on stress induced martensite transformation and its reversion in an Fe-Mn-Si-Cr-Ni shape memory alloy[J]. Mater. Trans., 1995, 36：719.

[66] Huang S K, Wen Y H, Li N. Application of damping mechanism model and stacking fault probability in Fe-Mn alloy[J]. Materials Characterization, 2008, 59：681-687.

[67] Druker A, Baruj A, Malarria J. Effect of rolling conditions on the structure and shape memory properties of Fe-Mn-Si alloys[J]. Materials Characterization, 2010, 61：603-612.

[68] 金学军，徐祖耀，李麟. Fe-Mn-Si 形状记忆合金 fcc(γ) →hcp(ε)马氏体相变的临界驱动力[J]. 中国科学(E 辑), 1999, 29(2)：103-111.

[69] 张骥华，金学军，徐祖耀. Fe-Mn-Si 形状记忆合金$\gamma \rightarrow \varepsilon$马氏体相变 M_s 的热力学预测[J]. 中国科学(E 辑), 1999, 29(5)：386-390.

[70] 万见峰. Fe-Mn-Si-Cr-Ni 形状记忆合金的马氏体相变[D]. 上海交通大学博士论文, 2001：88-96.

[71] 吴晓春，张骥华，徐祖耀. Fe-Mn-Si-Cr 合金中$\gamma \rightarrow \varepsilon$马氏体相变及其逆相变的内耗特征[J]. 上海交通大学学报, 1998, 32(2)：1-4.

[72] 于永泗，齐民. 机械工程材料[M]. 大连：大连理工大学出版社, 2007.

[73] 刘向军，林信远. 两种不锈铁基形状记忆合金层错能的计算[J]. 金属学报，1998，9(9)：903-908.

[74] 杨凯，辜承林. 形状记忆合金的应用[J]. 金属功能材料, 2000, 10(5)：7-10.

[75] Akhondzadeh A, Zangeneh M K, Abbasi S M. Influence of annealing temperature on the shape memory effect of Fe–14Mn–5Si–9Cr–5Ni alloy after training treatment[J]. Materials Science and Engineering A, 2008, 489：267-272.

[76] Yang J H, Wayman C M. Self-accommodation and shape memory mechanism of ε-martensite Ⅱ：thoretical considerations[J]. Mater Char, 1992, 28：37-47.

[77] Yang J H, Wayman C M. On Secondary variants formed at intersections of ε martensite variants[J]. Acta Metall, 1992, 40：2011-2023.

[78] 王小祥，赵连城. Fe-Mn-Si-Ni-Co 合金中应力诱发ε马氏体的稳定化及其对形状记忆效应的影响[J]. 功能材料, 1994, 25(5)：440-445.

[79] Sato A, Kasuga H, ToMori. Effect of external stress on $\gamma \rightarrow \varepsilon$ martenstic transformation examined by a double tensile deformation[J]. Acta Metall., 1980, 28：1223-1228.

[80] Sato A, Kato M, Sunaga K, et al. Stress induced martensitic in Fe-Ni-C alloy single crystals[J]. Acta Metall., 1980, 28：367-376.

[81] Yang J H, Wayman C M. Intersecting-shear mechanism for the formation of secondary ε martensite variants[J]. Acta Metall., 1992, 4：2025-2031.

[82] Tzuzaki K, Natsume Y, Maki T. Transformation reversibility in Fe-Mn-Si shape memory effect alloy[J]. J. de Physique 4, 1995, 5(8)：409-414.

[83] 刘庆锁，赵连城，林成新. Fe-17Mn-10Cr-5Si-4Ni 合金低应力水平下 εM 的结构组成[J]. 材料工程, 2000, 6：39-41.

[84] Kikuch T, Kajiwara S, Tomota Y. Microscope studies on stress-induced martensite transformation and its reversion in an Fe-Mn-Si-Cr-Ni shape memory alloy[J]. Mater. Trans. JIM., 1995, 36(6)：719-729.

[85] 乔志霞，刘永长，王江宏．预应变对Fe-Mn-Si记忆合金中应力诱发εM形态的影响[J]．材料科学与工程学报, 2008, 26(1), 46-52.
[86] Kajiwara S. Stacking disorder in martensites of coblt and its alloy[J]. J. App. Phy., 1970, 9(4)：385-390.
[87] 乔志霞，刘永长，王东爱，等. Fe-Mn-Si记忆合金中应力诱发$\gamma\rightarrow\varepsilon M$的相变机制[J]．材料科学与工程学报, 2007, 25(5)：667-670.
[88] 王小祥，赵连成．Fe-Mn-Si-Ni-Co 合金中形变诱发马氏体相变及形状记忆效应[J]．功能材料, 1992, 23(2)：101-127.
[89] Wen Y H, Zhang W, Li N, et al. Principle and realization of improving shape memory effect in Fe-Mn-Si-Cr-Ni alloy through aligned precipitation of second-phase particles[J]. Acta Mater., 2007, 55 (19)：6526-6534.
[90] Wen Y H, Xiong L R, Li N. Remarkable improvement of shape memory effect in an Fe-Mn-Si-Cr-Ni-C alloy through controlling precipitation direction of Cr23C6[J]. Mater. Sci. Eng. A, 2008, 474 (1-2)：60-63.
[91] Eui P K, Shun F, Kozo S. Texture evolution and fcc/hcp transformation in Fe–Mn–Si–Cr alloys by tensile deformation[J]. Materials Science and Engineering A, 2010, 527：6524-6532.
[92] Peng H B, Wen Y H, Xiong L R. Influence of initial microstructures on effectiveness of training in a FeMnSiCrNi shape memory alloy[J]. Materials Science and Engineering A, 2008, 497：61-64.
[93] Inagaki H, Metallkd Z. In-situ TEM observation of the $\varepsilon\rightarrow\gamma$ reverse transformation in an Fe-14Mn-6Si 9Cr-6Ni shape memory alloy[J]. Z. Metallkd, 1992, 83(5)：304-309.
[94] 许伟长．Fe-Mn-Si-C 形状记忆合金组织、相变与性能的研究[D]．福州：福州大学, 2006：10-11.
[95] Liu Q S, Ma Z H. The γ→ε martensitic transformation and its reversion in the FeMnSiCrNi shape memory alloy[J]. Metall. Trans., 1998, 29(A)：1579-1583.
[96] 戴品强，刘声桓．Fe-Mn-Si 基记忆合金恢复应力的研究[J]．机械工程材料，1998，22(2)：15-17.
[97] Wen Y H, Li N, Xiong L R. Composition design principles for Fe-Mn-Si-Cr-Ni based alloys with better shape memory effect and higher recovery stress[J]. Materials Science and Engineering A, 2005, 407(1-2)：31-35.
[98] 文玉华，严密，李宁．Fe-Mn-Si-Cr-Ni-C 形状记忆合金约束下相变的电阻原位分析[J]．金属学报, 2004, 40(1)：72-76.
[99] 林成新，谷南驹，刘庆锁．Fe-Mn-Si 形状记忆合金低温松弛机理[J]．金属学报, 2002, 38(8)：825-828.

[100] 杨军, 杨眉, 王平. 热-机械循环训练对 Fe-15Mn-4Si-8Cr-4Ni 形状记忆合金耐腐蚀性能和低温应力松弛的影响[J]. 金属功能材料, 2009, 16(6)：5-14.

[101] 杨军, 李宁, 文玉华. 时效方式对 Fe-Mn-Si-Cr-Ni 系合金形状记忆效应及低温松弛的影响[J]. 稀有金属材料与工程, 2006, 35(12)：2002-2004.

[102] Lin H C, Wang T P, Lin K M. The stress relaxation of a Fe59Mn30Si6Cr5 shape memory alloy[J]. Journal of Alloys and Compounds, 2008, 466：119-125.

[103] Wang D, Xing X, Chen J, et al. Effect of pre-deformation temperature on reverse transformation characteristic in Fe-Mn-Si based alloys[J]. Mater. Sci. Forum, 2000, 327-328：251-254.

[104] Jiang B H, Qi X. Micro-parameters and micro-characteristics related to the formation of ε-martensite in Fe-based shape memory alloys[J]. Bull. Mater. Sci., 1999, 22(3)：717-712.

[105] 许伟长, 戴品强, 邱国庆. 淬火温度对 Fe-Mn-Si-C 合金形状记忆性能的影响[J]. 稀有金属, 2005, 29(5)：708-712.

[106] 李宁, 王杉华, 杨军, 等. 形变时效对 FeMnSiCrNiNbC 合金相变温度及回复应力的影响[J]. 稀有金属材料与工程, 2008, 37(6)：1009-1101.

[107] 张伟, 李宁, 文玉华, 等. 形变温度对 FeMnSiCrNiC 合金第二相方向性析出及记忆效应的影响[J]. 稀有金属材料与工程, 2009, 38(4)：681-685.

[108] 李东, 文玉华, 李宁. 固溶处理对铸态 FeMnSiCrNi 合金形状记忆效应和力学性能的影响[J]. 铸造, 2007, 56(3)：245-247.

[109] Krnd T, Sar U, Dikici M. The effects of pre-strain, recovery temperature, and bending deformation on shape memory effect in an Fe-Mn-Si-Cr-Ni alloy[J]. Journal of Alloys and Compounds, 2009, 475：145-150.

[110] Jun L H, Dunne D, Kennon N. Factors influence shape memory effect and phase transformation behaviour of Fe-Mn-Si based shape memory alloys[J]. Materials Science and Engineering, 1999, A273-275：517-523.

[111] Tian S, Yang S W. Effect of pre-strain on shape memory behaviour of an Fe-Mn-Si-Cr-Ni-Co alloy[J]. Scripta Metall., 1992, 27：229-232.

[112] Wang X X, Zhao L C. The stabilization of deformed stress-induced ε martensite and its efeect on shape memory effect in an Fe-Mn-Si-Ni-Co Alloy[J]. Scripta Metall., 1992, 26：303-307.

[113] Eui P K, Shun F, Kozo S. Texture evolution and fcc/hcp transformation in Fe–Mn–Si–Cr alloys by tensile deformation[J]. Materials Science and Engineering A, 2010, 527：6524-6532.

[114] Druker, Sobrero C, Brokmeier H G. Texture evolution during thermomechanical treatments in Fe–Mn–Si shape memory alloys[J]. Materials Science and Engineering A, 2008, 481：578-581.

[115] Stanford N, Dunne D P. Effect of Si on the reversibility of stress-induced martensite in Fe–Mn–Si shape memory alloys[J]. Acta Materialia, 2010, 58：6752-6762.

[116] 程晓敏，周小芳，吴兴文. Fe-Mn-Si 基合金的形状记忆效应及腐蚀性[J]. 中国水运，2006, 4(12)：27-29.

[117] Inagaki H. Effect of Ni on stacking fault distributions in Fe-Mn-Si-Ni-Cr shape memory alloys[J]. Z. Metallkd., 1995, 86(4)：275-280.

[118] Otsuka H, Yamada H, Maruyama T, et al. Effect of alloying addition on Fe-Mn-Si shape memory alloys[J]. ISIJ Int., 1990, 30(8)：674-679.

[119] Wang C P, Wen Y H, Peng H B. Factors affecting recovery stress in Fe–Mn–Si–Cr–Ni–C shape memory alloys[J]. Materials Science and Engineering A, 2011, 528：1125-1130.

[120] Wen Y H, Xie W L, Li N, et al. Remarkable difference between effects of carbon contents on recovery strain and recovery stress in Fe–Mn–Si–Cr–Ni–C alloys[J]. Materials Science and Engineering A, 2007, 457：334-337.

[121] Bergeon N, Kajiwara S, Kikuchi T. Atomic force microscope study of stress-induced martensite formation and its reverse transformation in a thermomechanically treated Fe-Mn-Si-Cr-Ni alloy[J]. Acta Mater, 2000, 48(16)：4053-4064.

[122] Kajiwara S, Liu D, Kikuchi T, et al. Remarkable improvement of shape memory effect in Fe-Mn-Si based shape memory alloys by producing NbC precipitates[J]. Scripta Mater, 2001, 44(12)：2809-2814.

[123] Baruj A, Kikuchi T, Kajiwara S. TEM observation of the internal structures in NbC containing Fe-Mn-Si based shape memory alloys subjected to pre-deformation above room temperature[J]. Mater Sci Eng A, 2004, 378(1)：337-342.

[124] 赵燕平，闫爱淑. 时效工艺对 Fe-Mn-Si-Cr-Ni 系合金形状记忆效应的研究[J]. 天津冶金，2005, 126：30-32.

[125] Baruj A, Kikuchi T, Kajiawara S, et al. Effect of pre-deformation of austenite on shape memory properties in Fe-Mn-Si based alloys containing Nb and C[J]. Mater Trans, 2002, 43(3)：585-588.

[126] Ariapour A, Yakubtsov I, Perovic D D. Shape memory effect and strengthening mechanism in a Nb and N-doped Fe-Mn-Si based alloy[J]. Metall Mater Trans A, 2001, 32(7)：1621-1628.

[127] Susan F, Kenji H, Hiroshi K. Crystallography and elastic energy analysis of VN precipitates in Fe-Mn-Si-Cr shape memory alloys[J]. Acta Mater, 2005, 53(2)：419-431.

[128] Hiroshi K, Kimio N, Susan F, et al. Characterization of Fe-Mn-Si-Cr shape memory alloys containing VN precipitates[J]. Mater Sci Eng A, 2004, 378(1)：343-348.

[129] Hu B Q, Batp K, Dong Z Z, et al. Effect of Cu addition on corrosion resistance and shape memory effect of Fe-14Mn-5Si-9Cr-5Ni alloy[J]. Trans. Nonferrous Met. Soc. China, 2009, 19：149-153.

[130] Cheng H Y, Hsin C L, Kun M L. Improvement of shape memory effect in Fe-Mn-Si alloy by slight tantalum addition[J]. Materials Science and Engineering A, 2009, 518：139-143.

[131] Shakoor R A, Ahmad K F. Comparison of shape memory behavior and properties of iron-based shape memory alloys ontaining samarium addition[J]. Materials Science and Engineering A, 2007, 457：169-172.

[132] Yang J H, Chen H, Wayman C M. Development of Fe-based shape memory alloys associated with face-centered cubic-hexagonal close -packed martensitic transformations：Part I. shape memory behavior[J]. Metallurgical Transactions A, 1992, 23A：1431-1437.

[133] Gu Q, Federzoni L, Jang W Y, et al. $\gamma \rightarrow \varepsilon'$ and $\gamma \rightarrow \varepsilon \rightarrow \alpha'$ transformation in a Fe-Mn-Si based shape memory steel[C]. Pro. of Int. Sym. on shape memory materials, Beijing, 1994：488-492.

[134] Fujita H, Atayma T K. In-situ observation of strain-induced $\gamma \rightarrow \varepsilon \rightarrow \alpha'$ and $\varepsilon \rightarrow \alpha'$ martensitic transformation in Fe-Cr-Ni alloys[J]. Matre. Trans. JIM, 1992, 33(3)：243-252.

[135] Gu Q, Van J, Humbeek, et al. On the improvement of shape memory effect in Fe-14Mn-6Si-9Cr-4Ni alloys by thermomechanical treatment[J]. Scripta Metall., 1994, 30(12)：1587-1592.

[136] Tomota Y, Yamaguchi K. Influence of alfa' martensite on shape memory in Fe-Mn-based alloys[J]. Journal de Physique IV, 1995, 5, C8：421-426.

[137] Li C L, Ma X P, Jin Z H. Influence of α' marteniste on shape memory effect in Fe-14Mn-5Si-9Cr-5Ni alloy[J]. Mater. Sci. and Tech., 1997, 13：727-730.

[138] 牧正志. 铁基合金中马氏体的显微组织力学性能和形状记忆效应[J]. 上海金属，1993, 15(5)：1-7.

[139] Bergeon N, Guenin G. Optical microscope study of γ(fcc) →ε (hcp) martensitic transformation of a Fe-16%Mn-9%Cr-5%Si-4%Ni shape memory alloy[J]. Journal de Physique IV, 1995, 5, C8：409-444.

[140] Otsuka H, Murkami M, Matsuda S. Improvement of the shape memory effect of Fe-Mn-Si alloys by thermomechanical treatment[C]. Proc. Of the MRS international conference on advanced materials, Tokyo, Japan, 1988, published by MRS. 1989, 9：451-456.

[141] Kajiwara S, Ogawa K. Mechanism of improvement of shape memory effect by training in Fe-Mn-Si-based alloys[C]. Proc. SMM'99, Materials Science Forum, 2000, 327-328：211-214.

[142] 孙盼盼，叶邦斌，彭华备，等. 原始组织对 FeMnSiCrNi 记忆合金热机械循环训练效果的影响[J]. 材料热处理技术. 热加工工艺, 2009, 38(10)：25-28.

[143] 程晓敏，胡胜，吴兴文. 热-机械训练对 Fe-20Mn-5Si-5Cr -3Ni 形状记忆合金性能的影响[J]. 材料热处理技术, 2008, 37(4)：52-54.

[144] 张熹，何国求，陈淑娟．Fe-15Mn-5Si-9Cr-5Ni-0.5Ti 形状记忆合金组织和性能的研究[J]. 上海金属, 2009, 31(3)：27-30.

[145] 程晓敏，梅丽君，吴兴文．热处理工艺对 Fe-Mn-Si-Cr-Ni 合金形状记忆效应的影响[J]. 金属热处理, 2009, 34(2)：56-58.

[146] 李俊良，沈英明，杜彦良．不同固溶处理温度下的 FeMnSiCrNi 合金的微观组织分析[J]. 功能材料, 2007 增刊(38)：3239-3241.

[147] 杨军，李宁，王杉华．深冷淬火+退火对 FeMnSiCrNi 形状记忆效应的影响[J]. 机械工程材料, 2006, 30(1)：40-45.

[148] 刘刚，彭华备，文玉华．基于马氏体区域化形成的免训练铸造 Fe-Mn-Si-Cr-Ni 形状记忆合金 II [J]. 退火对形状记忆效应的影响, 2010, 46(3)：288-293.

[149] Wen Y H, Peng H B, Sun P P. A novel training-free cast Fe-18Mn-5.5Si-9.5Cr-4Ni shape memory alloy with lathy delta ferrite[J]. Scripta Materialia, 2010, 62：55-58.

[150] Stanford N, Dunne D P, Li H. Re-examination of the effect of NbC precipitation on shape memory in Fe-Mn-Si-based alloys[J]. Scripta Matcrialia, 2008, 58：583-586.

[151] 李宁，王杉华，杨军，等．形变时效对 FeMnSiCrNiNbC 合金相变温度及回复应力的影响[J]. 稀有金属材料与工程, 2008, 37(6)：1009-1102.

[152] Wen Y H, Zhang W, Li N. Principle and realization of improving shape memory effection Fe-Mn-Si-Cr-Ni alloy through aligned precipitationsof second-phase particles[J]. Acta Materialia, 2007, 55：6526-6534.

[153] 王杉华，李宁，张伟．通过形变时效析出 NbC 提高 FeMnSiCrNiNbC 合金形状记忆效应[J]. 稀有金属材料与工程, 2007, 36(3)：402-404.

[154] 叶邦斌，彭华备，熊隆荣．形变时效对不同 Cr 含量 Fe-Mn-Si-Cr-Ni-C 合金记忆效应的影响[J]. 材料热处理学报, 2009, 30(3)：10-13.

[155] Wen Y H, Xiong L R, Li N. Remarkable improvement of shape memory effect in an Fe-Mn-Si-Cr-Ni-C alloy through controlling precipitation direction of Cr23C6[J]. Materials Science and Engineering A, 2008, 474：60-63.

[156] Peng H B, Wen Y H, Ye B B. Influence of ageing after pre-deformation on FeMnSiCrNiC alloy with 13 wt% Cr content[J]. Materials Science and Engineering A, 2009, 504：36-39.

[157] Zhang W, Wen Y H, Li N. Directional precipitation of carbides induced by γ/ε interfaces in an FeMnSiCrNiC alloy aged after deformation at different temperature[J]. Materials Science and Engineering A, 2007, 459：324-329.

[158] Liu W B, Wen Y H, Li N. Further improvement of shape memory effect in a pre-deformed Fe-Mn-Si-Cr-Ni-Nb-C alloy by smaller NbC precipitated through electropulsing treatment[J]. Journal of Alloys and Compounds, 2009, 472：591-594.

[159] Liu W B, Wen Y H, Li N. Effects of electropulsing treatment on stress-inducedε martensite transformation of a pre-deformed Fe17Mn5Si8Cr5Ni0. 5NbC alloy[J]. Materials Science and Engineering A, 2009, 507(1-2)：114.

[160] Segal V M. Materials processing by simple shear[J]. Materials Science and Engineering A, 1995, 197(2)：157-164.

[161] Lin H K, Huang J C, Langdon T G. Relationship between texture and low temperature superplasticity in an extruded AZ31 Mg alloy processed by ECAP[J]. Mat Sci Eng A, 2005, 402(1-2)：250-257.

[162] 张伟，李宁，文玉华. 等通道转角挤压 FeMnSiCrNiC 形状记忆合金时效过程中碳化物析出的研究[J]. 稀有金属材料与工程, 2007, 36(9)：1554-1557.

[163] Zhang W, Jiang L Z, Li N. Improvement of shape memory effect in an Fe-Mn-Si-Cr-Ni alloy fabricated by equal channel angular pressing[J]. Journal of materials processing technology, 2008, 208：130-134.

[164] Zhang W, Wen Y H, Li N. Remarkable improvement of recovery stress of Fe-Mn-Si shape memory alloy fabricated by equal channel angular pressing[J]. Materials Science and Engineering A, 2007, 454：19-23.

[165] Anson T. Shaping the body from memory[J]. Materials World, 1999, 12(7)：745-747.

[166] 刘蓉生. 形状记忆合金的应用研究现状[J]. 机械, 1997, 24(2)：48-50.

[167] Maruyama T, Kurita T. Innovation in producing crane rail fishplate using Fe-Mn-Si-Cr based shape memory alloy[J]. Material Science and Technology, 2008, 24：908-913.

[168] 李廷，王晓东. 潜艇高压空气系统铁基形状记忆合金管接头研究[J]. 舰船科学术，2004 (26)：37-40.

[169] 孟祥刚. 铁基记忆合金管接头在油田应用技术研究[D]. 大庆：大庆石油学院, 2007：47-48.

[170] 王杉华. 形变时效对 FeMnSiCrNi 基合金记忆效应及回复应力的影响[D]. 成都：四川大学, 2007：56-57.

[171] Tamai H, Kitagawa Y. Pseudoelastic behavior of shape memory alloy wire and its application to seismic resistance member for building[J]. Computational Materials Science, 2002, 25：218-228.

[172] Tamai H, Miura K, Yoshikazu K. Application of SMA rod to exposed-type column base in smart structural system[C]. The International Society for Optical Engineering, 2003, (5057)：169-177.

[173] 李俊良，杜彦良，孙宝臣. 铁基 SMA 螺母防松摩擦力矩的试验研究[J]. 中国机械工程, 2008, 19(10)：1174-1208.

[174] 沈英明，李俊良，杜彦良. 铁基形状记忆合金螺母防松性能研究[J]. 石家庄铁道学院学报, 2005, (1)：25-28.

[175] Sohn J W, Han Y M. Vibration and position tracking control of a flexible beam using SMA wire[J]. Journal of vibration and control, 15(2)2009：263-281.

[176] 熊瑞生. 智能材料与智能建筑结构[J]. 信阳师范学院学报(自然科学版)，1998，11(4)：413-421.

[177] Watanabe Y, Miyazaki E, Okada H. Enhanced mechanical properties of Fe-Mn-Si-Cr shape memory fiber/plaster smart composite[J]. Materials Transactions, 2002, 43(5)：974-983.

[178] Wakatsuki T, Watanabe Y, Okada H. Development of Fe-Mn-Si-Cr shape memory alloy fiber reinforced plaster-based smart composites[J]. Materials Science Forum, 2005, 475：2063-2066.

[179] Talahiro S, Takehiko K. Development of prestressed concrete using Fe-Mn-Si based shape memory alloys containing NbC[J]. Materials transactions, 2006, 47(3)：580-583.

[180] Zhang E L, Yang L, Xu J W. Microstructure mechanical properties and bio-corrosion properties of Mg-Si-Zn-Ca alloy for biomedical application[J]. Acta Biomater, 2010, 6：1756-1762.

[181] Liu B, Zheng Y F, Li R. In vitro investigation of Fe30Mn6Si shape memory alloy as potential biodegradable metallic material[J]. Materials Lctters, 2011, 65：540-543.

[182] 周小芳. Fe-Mn-Si 基合金的形状记忆效应及性能研究[D]. 武汉：武汉理工大学，2006：61-62.

[183] 崔迪，李宏男. 形状记忆合金在土木工程中的研究与应用进展[J]. 防灾减灾工程学报，2005(3)：86-92.

[184] 邱平善，王桂芳，郭立伟. 材料近代分析测试方法实验指导[M]. 哈尔滨：哈尔滨工程大学出版社, 2001：21-25.

[185] 刘春成，姚可夫，高国峰，等. 应力应变对马氏体相变动力学及相变塑性影响的研究[J]. 金属学报, 1999, 35(11)：1125-1129.

[186] Madagopal K, Ganesh R K, Banerjee S. Revkrsion stresses in NiTi shape memory alloys[J]. Scr Metall, 1988, 22(10)：1593-1598.

[187] 张熹，何国求，陈淑娟. 压缩训练对 FeMnSi 系合金记忆效应的影响[J]. 上海金属，2009, 31(4)：28-31.

[188] 刘庆锁. Fe-17Mn-10Cr-5Si-4Ni 合金中ε马氏体的形成及逆相变[D]. 哈尔滨：哈尔滨工业大学, 1999：56.

[189] 林成新. Fe-Mn-Si 形状记忆合金的应力诱发马氏体相变和应变恢复特性[D]. 哈尔滨：哈尔滨工业大学, 2002：72-73.

[190] 赵源媛. 60Si2Mn 钢低温拉伸及应力松弛行为研究[D]. 哈尔滨：哈尔滨工业大学, 2009：48-49.

[191] 徐祖耀. fcc(γ) →hcp(ε)马氏体相变[J]. 中国科学(E 辑), 1997, 27(4)：289-293.

[192] 匡亚川，欧进萍. 形状记忆合金智能混凝土梁变形特性的研究[J]. 中国铁道科学，2008, 29(4)：41-46.

[193] 邓宗才, 李庆斌. 形状记忆合金对混凝土梁驱动效应分析[J]. 土木工程学报, 2002, 35(2): 41-47.

[194] 朱玉田. 形状记忆合金智能复合材料自修复中传感与控制方法研究[J]. 机械工程学报, 2005, 41(3): 221-225.

[195] 刘庆锁, 温春生. Fe-Mn-Si 系形状记忆合金中热诱发εM的单元结构及生长特性研究[J]. 金属学报, 2003, 39: 605-607.

[196] 李俊良, 杜彦良, 沈英明, 等. 新型螺纹联接接触恢复应力的计算表征[J]. 机械设计与制造, 2008, 2(2): 26-28.

[197] 刘东亚, 姚金声. 拧紧力对双螺母防松效果的影响[J]. 广西轻工业, 2010, 2(135): 42-43.

[198] 李俊良, 沈英明, 杜彦良. 铁基形状记忆合金螺母防松摩擦力矩的表征[J]. 石家庄铁道学院学报, 2004, 17(4): 30-33.

[199] 韦德首. 浅谈压缩机活塞杆螺纹副配合精度控制[J]. 装备制造技术, 2005, 1: 45-55.

[200] 濮良贵, 纪名刚. 机械设计[M]. 北京: 高等教育出版社, 2006.

[201] 李俊良. 铁基形状记忆合金防松防断机理研究[D]. 石家庄: 石家庄铁道学院, 2003: 29-32.

[202] 应书勇. 螺纹连接预紧力在机载发射装置中得应用[J]. 航空兵器, 2007, 6: 59-62.

[203] 温志明, 康向东. 电测法测定螺纹联接预紧力[J]. 煤矿机械, 2002, 11: 79-80.

[204] 山本晃. 螺纹联接的理论与计算[M]. 上海: 上海科学技术文献出版社, 1984.

[205] 李维荣, 朱家城. 螺纹紧固件放松技术探讨[J]. 机电产品开发与创新, 2003, 2: 15-17.

[206] 刘白雁. 紧固件横向振动试验台液压动力机构设计[J]. 湖北工学院学报, 2002, 17(2): 147-148.

[207] 李维荣, 李安民. 标准紧固件手册[M]. 北京: 中国标准出版社, 2001: 20.

[208] 陈成, 李运良, 刘礼华, 等. Ti-Ni-Nb 记忆合金管接头在装甲车辆上的应用[J]. 机械工程师, 2005, 5: 18-21.

[209] Magee L C. The nucleation of martensite in phase transformation[J]. American Society for Metals. 1970: 115-156.

[210] 朱炜国, 吕和祥, 杨大智. 形状记忆合金的本构模型[J]. 材料研究学报, 2001, 15(3): 263-268.